建筑与市政工程施工现场专业人员职业标准培训教材

质量员（土建方向）核心考点模拟与解析

建筑与市政工程施工现场专业人员职业标准培训教材编委会　编写

中国建筑工业出版社

图书在版编目（CIP）数据

质量员（土建方向）核心考点模拟与解析/建筑与市政工程施工现场专业人员职业标准培训教材编委会编写. —北京：中国建筑工业出版社，2023.6（2024.7重印）
建筑与市政工程施工现场专业人员职业标准培训教材
ISBN 978-7-112-28634-8

Ⅰ.①质… Ⅱ.①建… Ⅲ.①土木工程—质量管理—职业培训—教材 Ⅳ.①TU712

中国国家版本馆CIP数据核字（2023）第069424号

责任编辑：葛又畅 李 杰 李 慧
责任校对：党 蕾

建筑与市政工程施工现场专业人员职业标准培训教材
质量员（土建方向）核心考点模拟与解析
建筑与市政工程施工现场专业人员职业标准培训教材编委会 编写

*

中国建筑工业出版社出版、发行（北京海淀三里河路9号）
各地新华书店、建筑书店经销
北京建筑工业印刷厂制版
河北鹏润印刷有限公司印刷

*

开本：787毫米×1092毫米 1/16 印张：13$\frac{1}{2}$ 字数：327千字
2023年6月第一版 2024年7月第二次印刷
定价：**52.00**元
ISBN 978-7-112-28634-8
（41036）

版权所有 翻印必究
如有印装质量问题，可寄本社图书出版中心退换
（邮政编码 100037）

编委会

胡兴福　申永强　焦永达　傅慈英　屈振伟　魏鸿汉
赵　研　张悠荣　董慧凝　危道军　尤　完　宋岩丽
张燕娜　王凯晖　李　光　朱吉顶　余家兴　刘　录
慎旭双　闫占峰　刘国庆　李　存　许　宁　姚哲豪
潘东旭　刘　云　宋　扬　吴欣民

前　言

为落实住房和城乡建设部发布的行业标准《建筑与市政工程施工现场专业人员职业标准》JGJ/T 250，进一步规范建设行业施工现场专业人员职业培训工作，贴合培训测试需求，本书以《质量员通用与基础知识（土建方向）（第三版）》《质量员岗位知识与专业技能（土建方向）（第三版）》为蓝本，依据职业标准相配套的考核评价大纲，总结提取教材中的核心考点，指导考生学习与复习；并结合往年考试中的难点和易错考点，配以相应的测试题，增强考生对知识点的理解，提升其应试能力。

本书分上下两篇，上篇为《通用与基础知识》，下篇为《岗位知识与专业技能》，所有章节名称与《质量员通用与基础知识（土建方向）（第三版）》《质量员岗位知识与专业技能（土建方向）（第三版）》相对应，本书的知识点均标注了第三版教材中的对应页码，以便考生查找，对照学习。

本书上篇教材点睛共79个考点，下篇教材点睛共43个考点，共计122个考点。全书考点分为四类，即一般考点（其后无标注）、核心考点（"★"标识）、易错考点（"●"标识）、核心考点＋易错考点（"★●"标识）。

本书配套巩固练习题，题型分为判断题、单选题、多选题三类。

本书由新疆天一建工投资集团有限责任公司副总经理刘国庆担任主编。由于编写时间有限，书中难免存在不妥之处，敬请广大读者批评指正。

目 录

上篇 通用与基础知识

知识点导图 ·· 1
第一章 建设法规 ··· 2
  考点 1：建设法规构成概述● ··· 2
第一节 《中华人民共和国建筑法》 ··· 3
  考点 2：《建筑法》的立法目的 ··· 3
  考点 3：从业资格的有关规定● ··· 3
  考点 4：《建筑法》关于建筑安全生产管理的规定★● ························· 5
  考点 5：《建筑法》关于质量管理的规定★ ······································ 6
第二节 《中华人民共和国安全生产法》 ·· 7
  考点 6：《安全生产法》的立法目的 ·· 7
  考点 7：生产经营单位的安全生产保障的有关规定● ·························· 8
  考点 8：从业人员的安全生产权利义务的有关规定★ ························· 8
  考点 9：安全生产监督管理的有关规定 ·· 8
  考点 10：安全事故应急救援与调查处理的规定★● ·························· 10
第三节 《建设工程安全生产管理条例》《建设工程质量管理条例》 ············ 12
  考点 11：《建设工程安全生产管理条例》★● ································· 12
  考点 12：《建设工程质量管理条例》★● ······································· 14
第四节 《中华人民共和国劳动法》《中华人民共和国劳动合同法》 ············ 16
  考点 13：《劳动法》《劳动合同法》的立法目的 ······························ 16
  考点 14：《劳动法》《劳动合同法》关于劳动合同和集体合同的有关规定★● ··· 16
  考点 15：《劳动法》关于劳动安全卫生的有关规定● ························ 17
第二章 建筑材料 ··· 21
第一节 无机胶凝材料 ··· 21
  考点 16：无机胶凝材料的分类及特性★● ····································· 21
  考点 17：水泥的特性、主要技术性质及应用★● ····························· 21
第二节 混凝土 ··· 23
  考点 18：普通混凝土★● ·· 23
  考点 19：轻混凝土、高性能混凝土、预拌混凝土★ ························· 25
  考点 20：常用混凝土外加剂的品种及应用★● ································ 26
第三节 砂浆 ·· 28
  考点 21：砂浆★● ··· 28

第四节　石材、砖和砌块···30
　　　　考点22：石材、砖和砌块★●···30
　　第五节　钢材···32
　　　　考点23：钢材的分类及主要技术性能★●·······································32
　　　　考点24：钢结构用钢材的品种及特性★●·······································33
　　　　考点25：钢筋混凝土结构用钢材的品种及特性★●·····························34
　　第六节　防水材料···35
　　　　考点26：防水卷材的品种及特性★●···35
　　　　考点27：防水涂料的品种及特性★●···37
　　第七节　建筑节能材料···38
　　　　考点28：建筑节能材料★●··38
第三章　建筑工程识图···40
　　第一节　施工图的基本知识···40
　　　　考点29：房屋建筑施工图的组成及作用★●·····································40
　　　　考点30：房屋建筑施工图图示特点及制图标准规定●····························41
　　第二节　施工图的图示方法及内容···42
　　　　考点31：建筑施工图的图示方法及内容★●······································42
　　　　考点32：结构施工图的图示方法及内容★●······································44
　　第三节　施工图的绘制与识读···46
　　　　考点33：施工图绘制与识读★··46
第四章　建筑施工技术···48
　　第一节　地基与基础工程···48
　　　　考点34：常用地基处理方法★··48
　　　　考点35：基坑（槽）开挖、支护及回填方法★··································48
　　　　考点36：混凝土基础施工★··51
　　　　考点37：砖、石基础施工···53
　　　　考点38：桩基础施工★···53
　　第二节　砌体工程···55
　　　　考点39：常见脚手架搭设施工要点··55
　　　　考点40：砌体施工工艺★···58
　　第三节　钢筋混凝土工程···60
　　　　考点41：模板工程施工工艺★··60
　　　　考点42：钢筋工程施工工艺★··61
　　　　考点43：混凝土工程施工工艺★··63
　　第四节　钢结构工程···65
　　　　考点44：钢结构工程★···65
　　第五节　防水工程···67
　　　　考点45：防水砂浆防水工程施工工艺★··67
　　　　考点46：防水涂料防水工程施工工艺★··67

考点47：卷材防水工程施工工艺★·······68
　第六节　装饰装修工程······70
　　　考点48：楼地面工程施工工艺★·······70
　　　考点49：一般抹灰工程施工工艺★·······73
　　　考点50：门窗工程施工工艺★·······74
　　　考点51：涂饰工程施工工艺★·······75

第五章　施工项目管理······77
　第一节　施工项目管理的内容及组织······77
　　　考点52：施工项目管理的特点及内容·······77
　　　考点53：施工项目管理的组织机构★·······77
　第二节　施工项目目标控制······79
　　　考点54：施工项目目标控制★●·······79
　第三节　施工资源与现场管理······81
　　　考点55：施工资源与现场管理★●·······81

第六章　建筑力学······84
　第一节　平面力系······84
　　　考点56：平面力系★●·······84
　第二节　杆件的内力······86
　　　考点57：杆件的内力★●·······86
　第三节　杆件强度、刚度和稳定的基本概念······88
　　　考点58：杆件的强度、刚度和稳定性★●·······88

第七章　建筑构造与建筑结构······90
　第一节　建筑构造······90
　　　考点59：民用建筑的基本构造★·······90
　　　考点60：常见基础的构造★·······90
　　　考点61：墙体和地下室的构造★●·······92
　　　考点62：楼板的构造★●·······95
　　　考点63：垂直交通设施的一般构造★●·······96
　　　考点64：门与窗的构造★●·······98
　　　考点65：屋顶的基本构造★●·······100
　　　考点66：变形缝的构造★●·······102
　　　考点67：建筑的一般装饰构造★●·······103
　　　考点68：单层工业厂房的基本构造★●·······104
　第二节　建筑结构······106
　　　考点69：基础★●·······106
　　　考点70：混凝土结构的构件受力★●·······108
　　　考点71：现浇钢筋混凝土楼盖★●·······110
　　　考点72：常见的钢结构★●·······111
　　　考点73：砌体结构知识★·······113

考点74：建筑抗震的基本知识★● ··· 115
第八章　施工测量 ··· 117
　第一节　测量的基本工作 ··· 117
　　考点75：常用测量仪器的使用★● ··· 117
　第二节　施工控制测量的知识 ··· 119
　　考点76：施工控制测量★● ·· 119
　第三节　建筑变形观测的知识 ··· 120
　　考点77：建筑变形观测知识★● ·· 120
第九章　抽样统计分析的知识 ··· 122
　第一节　基本概念和抽样的方法 ·· 122
　　考点78：数理统计 ··· 122
　第二节　质量数据抽样和统计分析方法 ··· 123
　　考点79：质量数据抽样和统计分析方法★ ·· 123

下篇　岗位知识与专业技能

知识点导图 ··· 125
第一章　建设工程质量相关法律法规与验收规范 ··· 126
　第一节　建设工程质量管理法规、规定 ·· 126
　　考点1：实施工程建设强制性标准的规定★ ··· 126
　　考点2：房屋建筑工程和市政基础设施工程竣工验收备案、保修★ ··························· 127
　　考点3：房屋建筑工程质量违规处罚、专项质量检测、见证取样检测规定★ ··············· 128
　第二节　建筑工程施工质量验收标准和规范 ·· 130
　　考点4：建筑工程施工质量验收规范要求★ ··· 130
第二章　建筑工程质量管理 ··· 135
　第一节　工程质量管理及控制体系 ··· 135
　　考点5：工程质量管理及控制体系★● ··· 135
　第二节　ISO 9000质量管理体系 ··· 136
　　考点6：ISO 9000质量管理体系● ·· 136
第三章　建筑工程施工质量计划 ··· 139
　第一节　质量策划的概念 ··· 139
　　考点7：质量策划的概念 ··· 139
　第二节　施工质量计划的内容和编制方法 ·· 140
　　考点8：施工质量计划的内容和编制方法★ ·· 140
　第三节　主要分项工程、检验批质量计划的编制 ··· 142
　　考点9：分项工程质量计划的编制★ ·· 142
第四章　建筑工程施工质量控制 ··· 144
　第一节　质量控制概述 ·· 144
　　考点10：质量控制概述 ·· 144
　第二节　影响质量的主要因素 ··· 145

考点 11：影响质量控制的因素 145
　第三节　施工准备阶段的质量控制 147
　　　考点 12：施工准备阶段质量控制★ 147
　第四节　施工阶段的质量控制 148
　　　考点 13：施工阶段的质量控制★ 148
　第五节　分项工程质量控制措施 152
　　　考点 14：分项工程质量控制措施★● 152

第五章　建筑工程施工试验 158
　第一节　水泥试验 158
　　　考点 15：水泥试验★ 158
　第二节　砂石试验 160
　　　考点 16：砂石试验★● 160
　第三节　混凝土试验 161
　　　考点 17：混凝土试验★● 161
　第四节　砂浆及砌块试验 163
　　　考点 18：砂浆和砌块试验★● 163
　第五节　钢材试验 165
　　　考点 19：钢材试验★● 165
　第六节　钢材连接试验 166
　　　考点 20：钢材连接试验★● 166
　第七节　土工与桩基试验 168
　　　考点 21：土工与桩基试验★● 168
　第八节　屋面及防水工程施工试验 170
　　　考点 22：屋面及防水工程施工试验★● 170
　第九节　房屋结构实体检测 171
　　　考点 23：房屋结构实体检测★● 171

第六章　建筑工程质量问题 174
　第一节　工程质量问题的分类、识别 174
　　　考点 24：工程质量问题的分类与识别★● 174
　第二节　建筑工程中常见的质量问题（通病） 174
　　　考点 25：建筑工程常见质量通病★● 174
　第三节　地基基础工程中的质量通病 175
　　　考点 26：地基基础工程质量通病★● 175
　第四节　地下防水工程中的质量通病 177
　　　考点 27：地下防水工程质量通病★ 177
　第五节　砌体工程中的质量通病 178
　　　考点 28：砌体工程质量通病★● 178
　第六节　混凝土结构工程中的质量通病 179
　　　考点 29：混凝土结构工程质量通病★● 179

第七节　楼（地）面工程中的质量通病 …………………………………………………… 181
　　　　考点30：楼（地）面工程质量通病★● …………………………………………… 181
　　第八节　装饰装修工程中的质量通病 ……………………………………………………… 182
　　　　考点31：装饰装修工程质量通病★● ……………………………………………… 182
　　第九节　屋面工程中的质量通病 …………………………………………………………… 183
　　　　考点32：屋面工程质量通病★● …………………………………………………… 183
　　第十节　建筑节能中的质量通病 …………………………………………………………… 184
　　　　考点33：建筑节能质量通病★● …………………………………………………… 184
第七章　建筑工程质量检查、验收、评定 …………………………………………………… 186
　　　　考点34：建筑工程质量检查、验收、评定★● …………………………………… 186
第八章　建筑工程质量事故处理 ……………………………………………………………… 192
　　第一节　建筑工程质量事故的特点和分类 ………………………………………………… 192
　　　　考点35：建筑工程质量事故特点和分类● ………………………………………… 192
　　第二节　建筑工程质量事故处理的依据和程序 …………………………………………… 194
　　　　考点36：建筑工程质量事故处理依据和程序 ……………………………………… 194
　　第三节　建筑工程质量事故处理的方法与验收 …………………………………………… 195
　　　　考点37：建筑工程质量事故处理方法与验收★● ………………………………… 195
　　第四节　建筑工程质量事故处理的资料 …………………………………………………… 197
　　　　考点38：建筑工程质量事故处理资料 ……………………………………………… 197
第九章　建筑工程质量资料 …………………………………………………………………… 198
　　　　考点39：建筑工程质量资料● ……………………………………………………… 198
第十章　建筑结构施工图识读 ………………………………………………………………… 200
　　　　考点40：建筑工程图纸分类及识读方法 …………………………………………… 200
　　第一节　砌体结构建筑施工图识读 ………………………………………………………… 200
　　　　考点41：砌筑结构图识读★● ……………………………………………………… 200
　　第二节　多层混凝土结构施工图识读 ……………………………………………………… 201
　　　　考点42：多层混凝土结构施工图识读★● ………………………………………… 201
　　第三节　单层钢结构施工图识读 …………………………………………………………… 202
　　　　考点43：单层钢结构施工图识读 …………………………………………………… 202

上篇 通用与基础知识

知识点导图

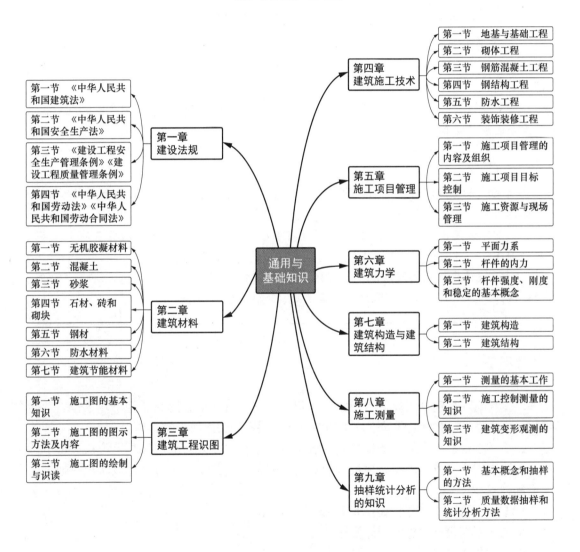

第一章 建 设 法 规

考点 1：建设法规构成概述 ●

> **教材点睛** 教材[①] P1-2
>
> **1. 我国建设法规体系的五个层次**
> （1）建设法律：全国人民代表大会及其常务委员会制定通过，国家主席以主席令的形式发布。
> （2）建设行政法规：国务院制定，国务院常务委员会审议通过，国务院总理以国务院令的形式发布。
> （3）建设部门规章：住房和城乡建设部制定并颁布，或与国务院其他有关部门联合制定并发布。
> （4）地方性建设法规：省、自治区、直辖市人民代表大会及其常委会制定颁布；本地适用。
> （5）地方建设规章：省、自治区、直辖市人民政府以及省会（自治区首府）城市和经国务院批准的较大城市的人民政府制定颁布的；本地适用。
> **2. 建设法规体系各层次间的法律效力**：上位法优先原则，依次为建设法律、建设行政法规、建设部门规章、地方性建设法规、地方建设规章。

巩固练习

1.【判断题】建设法规是指国家立法机关制定的旨在调整国家、企事业单位、社会团体、公民之间，在建设活动中发生的各种社会关系的法律法规的总称。（　　）

2.【判断题】在我国的建设法规的五个层次中，法律效力的层级是上位法高于下位法，具体表现为：建设法律→建设行政法规→建设部门规章→地方性建设法规→地方建设规章。（　　）

3.【单选题】以下法规属于建设行政法规的是（　　）。
A.《工程建设项目施工招标投标办法》
B.《中华人民共和国城乡规划法》
C.《建设工程安全生产管理条例》
D.《实施工程建设强制性标准监督规定》

4.【多选题】下列属于我国建设法规体系的是（　　）。

---

① 本书上篇涉及的教材，指《质量员通用与基础知识（土建方向）（第三版）》，请读者结合学习。

A. 建设行政法规　　　　　　B. 地方性建设法规
C. 建设部门规章　　　　　　D. 建设法律
E. 地方法律

【答案】1. ×；2. √；3. C；4. ABCD

第一节 《中华人民共和国建筑法》①

考点 2：《建筑法》的立法目的

> 教材点睛　教材 P2
>
> 1. 《建筑法》的立法目的：加强对建筑活动的监督管理，维护建筑市场秩序，保证建筑工程的质量和安全，促进建筑业健康发展。
> 2. 现行《建筑法》是 2019 年修订施行的。

考点 3：从业资格的有关规定●

> 教材点睛　教材 P2-5
>
> 法规依据：《建筑法》第 12 条、第 13 条、第 14 条；《建筑业企业资质标准》。
> 建筑业企业的资质
> （1）建筑业企业资质序列：分为施工综合、施工总承包、专业承包和专业作业四个序列【详见 P2 表 1-1】。
> （2）建筑业企业资质等级：施工综合资质不分等级，施工总承包资质分为甲级、乙级两个等级，专业承包资质一般分为甲级、乙级两个等级（部分专业不分等级），专业作业资质不分等级【详见 P2 表 1-1】。
> （3）承揽业务的范围
> 1）施工综合企业和施工总承包企业：可以承接施工总承包工程。其中建筑工程、市政公用工程施工总承包企业承包工程范围分别【详见 P3-4 表 1-2、表 1-3】。
> 2）专业承包企业：可以承接具有施工综合资质和施工总承包资质的企业依法分包的专业工程或建设单位依法发包的专业工程。其中，与建筑工程、市政公用工程相关的专业承包企业承包工程的范围【详见 P4 表 1-4】。
> 3）专业作业企业：可以承接具有上述三个承包资质企业分包的专业作业。

---

① 以下简称《建筑法》。

> 巩固练习

1. 【判断题】《建筑法》的立法目的在于加强对建筑活动的监督管理，维护建筑市场秩序，保证建筑工程的质量和安全，促进建筑业健康发展。（   ）
2. 【判断题】地基与基础工程专业乙级承包企业可承担深度不超过 24m 的刚性桩复合地基处理工程的施工。（   ）
3. 【判断题】承包建筑工程的单位只要实际资质等级达到法律规定，即可在其资质等级许可的业务范围内承揽工程。（   ）
4. 【判断题】专业作业企业可以承接具有施工综合、施工总承包、专业承包资质企业分包的专业作业。（   ）
5. 【单选题】下列各选项中，不属于《建筑法》规定约束的是（   ）。
   A. 建筑工程发包与承包　　　　　　B. 建筑工程涉及的土地征用
   C. 建筑安全生产管理　　　　　　　D. 建筑工程质量管理
6. 【单选题】建筑业企业资质等级，是由（   ）按资质条件把企业划分成为不同等级。
   A. 国务院行政主管部门　　　　　　B. 国务院资质管理部门
   C. 国务院工商注册管理部门　　　　D. 国务院
7. 【单选题】按照《建筑业企业资质管理规定》，建筑业企业资质分为（   ）四个序列。
   A. 特级、一级、二级
   B. 一级、二级、三级
   C. 甲级、乙级、丙级
   D. 施工综合、施工总承包、专业承包和专业作业
8. 【单选题】按照《建筑法》规定，建筑业企业各资质等级标准和各类别等级资质企业承担工程的具体范围，由（   ）会同国务院有关部门制定。
   A. 国务院国有资产管理部门
   B. 国务院建设行政主管部门
   C. 该类企业工商注册地的建设行政主管部门
   D. 省、自治区及直辖市建设主管部门
9. 【单选题】以下建筑装修装饰工程的乙级专业承包企业不可以承包工程范围的是（   ）。
   A. 单位工程造价 3400 万元及以下建筑室内、室外装修装饰工程的施工
   B. 单位工程造价 1200 万元及以下建筑室内、室外装修装饰工程的施工
   C. 除建筑幕墙工程外的单位工程造价 2400 万元及以上建筑室内、室外装修装饰工程的施工
   D. 单项合同额 2000 万元及以下的建筑装修装饰工程，以及与装修工程直接配套的其他工程

【答案】1. √；2. √；3. ×；4. √；5. B；6. A；7. D；8. B；9. A

考点 4：《建筑法》关于建筑安全生产管理的规定 ★ ●

> **教材点睛** 教材 P5-7
>
> **法规依据：**《建筑法》第 36 条、第 38 条、第 39 条、第 41 条、第 44 条~第 48 条、第 51 条。
> **1. 建筑安全生产管理方针：**"安全第一、预防为主"。
> **2. 建设工程安全生产基本制度**
> （1）安全生产责任制度：包括企业各级领导人员的安全职责、企业各有关职能部门的安全生产职责以及施工现场管理人员与作业人员的安全职责三个方面。
> （2）群防群治制度：要求建筑企业职工在施工中应当遵守有关生产的法律、法规和建筑行业安全规章、规程，不得违章作业；对于危及生命安全和身体健康的行为有权提出批评、检举和控告。
> （3）安全生产教育培训制度：安全生产，人人有责。要求全员培训，未经安全生产教育培训的人员，不得上岗作业。
> （4）伤亡事故处理报告制度：事故发生时及时上报，事故处理遵循"四不放过"的原则【详见 P6-7】。
> （5）安全生产检查制度：是安全生产的保障，通过检查发现问题，查出隐患，采取有效措施，堵塞漏洞，做到防患于未然。
> （6）安全责任追究制度：对于没有履行职责造成人员伤亡和事故损失的参建单位，视情节给予相应处理；情节严重的，责令停业整顿，降低资质等级或吊销资质证书；构成犯罪的，依法追究刑事责任。

巩固练习

1.【判断题】《建筑法》第 36 条规定：建筑工程安全生产管理必须坚持"安全第一、预防为主"的方针。其中"安全第一"是安全生产方针的核心。（　　）

2.【判断题】群防群治制度是建筑生产中最基本的安全管理制度，是所有安全规章制度的核心，是"安全第一、预防为主"方针的具体体现。（　　）

3.【单选题】建筑工程安全生产管理必须坚持"安全第一、预防为主"的方针。"预防为主"体现在建筑工程安全生产管理的全过程中，具体是指（　　）、事后总结。
A. 事先策划、事中控制　　　　　　B. 事前控制、事中防范
C. 事前防范、监督策划　　　　　　D. 事先策划、全过程自控

4.【单选题】以下关于建设工程安全生产基本制度的说法中，正确的是（　　）。
A. 群防群治制度是建筑生产中最基本的安全管理制度
B. 建筑施工企业应当对直接施工人员进行安全教育培训
C. 安全检查制度是安全生产的保障
D. 施工中发生事故时，建筑施工企业应当及时清理事故现场并向建设单位报告

5.【单选题】针对事故发生的原因，提出防止相同或类似事故发生的切实可行的预

防措施，并督促事故发生单位加以实施，以达到事故调查和处理的最终目的。此款符合"四不放过"事故处理原则的（　　）原则。

A. 事故原因不清楚不放过　　B. 事故责任者和群众没有受到教育不放过
C. 事故责任者没有处理不放过　　D. 事故隐患不整改不放过

6.【单选题】建筑施工单位的安全生产责任制主要包括各级领导人员的安全职责、（　　）以及施工现场管理人员与作业人员的安全职责三个方面。

A. 项目经理部的安全管理职责
B. 企业监督管理部的安全监督职责
C. 企业各有关职能部门的安全生产职责
D. 企业各级施工管理及作业部门的安全职责

7.【单选题】按照《建筑法》的规定，鼓励企业为（　　）办理意外伤害保险，支付保险费。

A. 从事危险作业的职工　　B. 现场施工人员
C. 全体职工　　D. 特种作业操作人员

8.【多选题】建设工程安全生产基本制度包括：安全生产责任制度、群防群治制度、（　　）等六个方面。

A. 安全生产教育培训制度　　B. 伤亡事故处理报告制度
C. 安全生产检查制度　　D. 防范监控制度
E. 安全责任追究制度

9.【多选题】在进行生产安全事故报告和调查处理时，必须坚持"四不放过"的原则，包括（　　）。

A. 事故原因不清楚不放过　　B. 事故责任者和群众没有受到教育不放过
C. 事故单位未处理不放过　　D. 事故责任者没有处理不放过
E. 没有制定防范措施不放过

【答案】1. ×；2. ×；3. A；4. C；5. D；6. C；7. A；8. ABCE；9. ABD

考点5：《建筑法》关于质量管理的规定★

> **教材点睛** 教材 P7-8
>
> **法规依据：**《建筑法》第52条、第54条、第55条、第58条～第62条。
>
> **1. 建设工程竣工验收制度：** 是对工程是否符合设计要求和工程质量标准所进行的检查、考核工作。建筑工程竣工经验收合格后，方可交付使用；未经验收或者验收不合格的，不得交付使用。
>
> **2. 建设工程质量保修制度：** 在《建筑法》规定的保修期限内，因勘察、设计、施工、材料等原因造成的质量缺陷，应当由施工承包单位负责维修、返工或更换，由责任单位负责赔偿损失。其对促进建设各方加强质量管理，保护用户及消费者的合法权益可起到重要的保障作用。

> 巩固练习

1.【判断题】在建设工程竣工验收后，在规定的保修期限内，因勘察、设计、施工、材料等原因造成的质量缺陷，应当由责任单位负责维修、返工或更换。（　　）

2.【单选题】建设工程项目的竣工验收，应当由（　　）依法组织进行。
　A. 建设单位　　　　　　　　　B. 建设单位或有关主管部门
　C. 国务院有关主管部门　　　　D. 施工单位

3.【单选题】在建设工程竣工验收后，在规定的保修期限内，因勘察、设计、施工、材料等原因造成的质量缺陷，应当由（　　）负责维修、返工或更换。
　A. 建设单位　　　　　　　　　B. 监理单位
　C. 责任单位　　　　　　　　　D. 施工承包单位

4.【单选题】根据《建筑法》的规定，以下属于保修范围的是（　　）。
　A. 供热、供冷系统工程
　B. 因使用不当造成的质量缺陷
　C. 因第三方造成的质量缺陷
　D. 不可抗力造成的质量缺陷

5.【单选题】建筑工程的质量保修的具体保修范围和最低保修期限由（　　）规定。
　A. 建设单位　　　　　　　　　B. 国务院
　C. 施工单位　　　　　　　　　D. 建设行政主管部门

6.【多选题】建筑工程的保修范围应当包括（　　）等。
　A. 地基基础工程　　　　　　　B. 主体结构工程
　C. 屋面防水工程　　　　　　　D. 电气管线
　E. 使用不当造成的质量缺陷

【答案】1. ×；2. B；3. D；4. A；5. B；6. ABCD

第二节　《中华人民共和国安全生产法》[①]

考点 6：《安全生产法》的立法目的

> **教材点睛**　教材 P8

1.《安全生产法》的立法目的：为了加强安全生产工作，防止和减少生产安全事故，保障人民群众生命和财产安全，促进经济社会持续健康发展。

2. 现行《安全生产法》是 2021 年修订施行的。

[①] 以下简称《安全生产法》。

考点 7：生产经营单位的安全生产保障的有关规定●

> **教材点睛** 教材 P8-12
>
> **法规依据：**《安全生产法》第 20 条～第 51 条。
> **1. 组织保障措施：**建立安全生产管理机构；明确岗位责任。
> **2. 管理保障措施包括：**人力资源管理、物力资源管理、经济保障措施、技术保障措施。

考点 8：从业人员的安全生产权利义务的有关规定★

> **教材点睛** 教材 P12-13
>
> **法规依据：**《安全生产法》第 28 条、第 45 条、第 52 条～第 61 条。
> **1. 安全生产中从业人员的权利：**知情权、批评权和检举、控告权、拒绝权、紧急避险权、请求赔偿权、获得劳动防护用品的权利、获得安全生产教育和培训的权利。
> **2. 安全生产中从业人员的义务：**自律遵规的义务、自觉学习安全生产知识的义务、危险报告义务。

考点 9：安全生产监督管理的有关规定

> **教材点睛** 教材 P13-14
>
> **法规依据：**《安全生产法》第 62 条～第 78 条。
> **1. 安全生产监督管理部门：**《安全生产法》第 10 条规定，国务院应急管理部门对全国安全生产工作实施综合监督管理。国务院交通运输、住房和城乡建设、水利、民航等有关部门在各自的职责范围内对有关行业、领域的安全生产工作实施监督管理。
> **2. 安全生产监督管理措施：**审查批准、验收；取缔；撤销；依法处理。
> **3. 安全生产监督管理部门的职权：**【详见 P14】；监督检查不得影响被检查单位的正常生产经营活动。

巩固练习

1.【判断题】危险物品的生产、经营、储存单位以及矿山、建筑施工单位的主要负责人和安全生产管理人员，应当缴费参加由有关部门组织的安全生产知识和管理能力考核，合格后方可任职。（　　）

2.【判断题】生产经营单位的特种作业人员必须按照国家有关规定参加由生产经营单位组织的安全作业培训，方可上岗作业。（　　）

3.【判断题】生产经营单位应当按照国家有关规定将本单位重大危险源及有关安全措施、应急措施报有关地方人民政府建设行政主管部门备案。（　　）

4.【判断题】从业人员发现直接危及人身安全的紧急情况时，应先把紧急情况完全排除，经主管单位允许后撤离作业场所。（　　）

5.【判断题】《安全生产法》的立法目的是加强安全生产工作，防止和减少生产安全事故，保障人民群众生命和财产安全，促进经济社会持续健康发展。（　　）

6.【判断题】建筑施工从业人员在一百人以下的，不需要设置安全生产管理机构或者配备专职安全生产管理人员，但应当配备兼职的安全生产管理人员。（　　）

7.【判断题】国家对严重危及生产安全的工艺、设备实行审批制度。（　　）

8.【判断题】某施工现场将氧气瓶仓库放在临时建筑一层东侧，员工宿舍放在二层西侧，并采取了保证安全的措施。（　　）

9.【判断题】生产经营单位的安全生产管理人员应当根据本单位的生产经营特点，对安全生产状况进行经常性检查；对检查中发现的安全问题，应当立即报告。（　　）

10.【判断题】生产经营单位临时聘用的钢结构焊接工人不属于生产经营单位的从业人员，所以不享有从业人员应享有的权利。（　　）

11.【单选题】《安全生产法》主要对生产经营单位的安全生产保障、（　　）、安全生产的监督管理、生产安全事故的应急救援与调查处理四个主要方面作出规定。

A. 生产经营单位的法律责任　　B. 安全生产的执行
C. 从业人员的权利和义务　　　D. 施工现场的安全

12.【单选题】下列关于生产经营单位安全生产保障的说法中，正确的是（　　）。

A. 生产经营单位可以将生产经营项目、场所、设备发包给建设单位指定认可的不具有相应资质等级的单位或个人

B. 生产经营单位的特种作业人员经过单位组织的安全作业培训方可上岗作业

C. 生产经营单位必须依法参加工伤社会保险，为从业人员缴纳保险费

D. 生产经营单位仅需要为从业人员提供劳动防护用品

13.【单选题】下列措施中，不属于生产经营单位安全生产保障措施中经济保障措施的是（　　）。

A. 保证劳动防护用品、安全生产培训所需要的资金

B. 保证工伤社会保险所需要的资金

C. 保证安全设施所需要的资金

D. 保证员工食宿设备所需要的资金

14.【单选题】当从业人员发现直接危及人身安全的紧急情况时，有权停止作业或在采取可能的应急措施后撤离作业场所，这里的权是指（　　）。

A. 拒绝权　　　　　　　　　　B. 批评权和检举、控告权
C. 紧急避险权　　　　　　　　D. 自我保护权

15.【单选题】根据《安全生产法》的规定，生产经营单位与从业人员订立协议，免除或减轻其对从业人员因生产安全事故伤亡应依法承担的责任，该协议（　　）。

A. 无效　　　　　　　　　　　B. 有效
C. 经备案后生效　　　　　　　D. 效力待定

16. 【单选题】根据《安全生产法》的规定，安全生产中从业人员的义务不包括（   ）。
A. 遵守安全生产规章制度和操作规程　　B. 接受安全生产教育和培训
C. 安全隐患及时报告　　D. 紧急处理安全事故

17. 【单选题】以下不属于生产经营单位的从业人员的范畴的是（   ）。
A. 技术人员　　B. 临时聘用的钢筋工
C. 管理人员　　D. 监督部门视察的监管人员

18. 【单选题】下列各项中，不属于安全生产监督检查人员义务的是（   ）。
A. 对检查中发现的安全生产违法行为，当场予以纠正或者要求限期改正
B. 执行监督检查任务时，必须出示有效的监督执法证件
C. 对涉及被检查单位的技术秘密和业务秘密，应当为其保密
D. 应当忠于职守，坚持原则，秉公执法

19. 【多选题】生产经营单位安全生产保障措施由（   ）组成。
A. 经济保障措施　　B. 技术保障措施
C. 组织保障措施　　D. 法律保障措施
E. 管理保障措施

【答案】1. ×；2. ×；3. ×；4. ×；5. √；6. ×；7. ×；8. ×；9. ×；10. ×；11. C；12. C；13. D；14. C；15. A；16. D；17. D；18. A；19. ABCE

考点 10：安全事故应急救援与调查处理的规定 ★●

> **教材点睛**　教材 P14-15

法规依据：《安全生产法》第79条～第89条、《生产安全事故报告和调查处理条例》。

1. 生产安全事故的等级划分标准（按生产安全事故造成的人员伤亡或直接经济损失划分）

（1）特别重大事故：死亡≥30人，或重伤≥100人（包括急性工业中毒，下同），或直接经济损失≥1亿元的事故。

（2）重大事故：10人≤死亡＜30人，或50人≤重伤＜100人，或5000万元≤直接经济损失＜1亿元的事故。

（3）较大事故：3人≤死亡＜10人，或10人≤重伤＜50人，或1000万元≤直接经济损失＜5000万元的事故。

（4）一般事故：死亡＜3人，或重伤＜10人，或直接经济损失的事故＜1000万元。

2. 生产安全事故报告

（1）生产经营单位发生生产安全事故后，事故现场有关人员应当立即报告本单位负责人。单位负责人接到事故报告后，应当按照国家有关规定立即如实报告当地负有安全生产监督管理职责的部门，不得隐瞒不报、谎报或者迟报，不得故意破坏事故现场、毁灭有关证据。

> **教材点睛** 教材 P14-15（续）
>
> （2）特种设备发生事故的，还应当同时向特种设备安全监督管理部门报告。实行施工总承包的建设工程，由总承包单位负责上报事故。
>
> **3. 应急抢救工作**：单位负责人接到事故报告后，应当迅速采取有效措施，组织抢救，防止事故扩大，减少人员伤亡和财产损失。
>
> **4. 事故的调查**：事故调查处理应当按照科学严谨、依法依规、实事求是、注重实效的原则，及时、准确地查清事故原因，查明事故性质和责任，评估应急处置工作，总结事故教训，提出整改措施，并对事故责任者提出处理建议。

巩固练习

1.【判断题】某施工现场脚手架倒塌，造成3人死亡8人重伤，根据《生产安全事故报告和调查处理条例》规定，该事故等级属于一般事故。（　　）

2.【判断题】某化工厂施工过程中造成化学品试剂外泄，导致现场15人死亡，120人急性工业中毒，根据《生产安全事故报告和调查处理条例》规定，该事故等级属于重大事故。（　　）

3.【判断题】生产经营单位发生生产安全事故后，事故现场相关人员应当立即报告施工项目经理。（　　）

4.【判断题】某实行施工总承包的建设工程的分包单位所承担的分包工程发生生产安全事故，分包单位负责人应当立即如实报告给当地建设行政主管部门。（　　）

5.【单选题】根据《生产安全事故报告和调查处理条例》规定，造成10人及以上30人以下死亡，或者50人及以上100人以下重伤，或者5000万元及以上1亿元以下直接经济损失的事故属于（　　）。

　　A. 重伤事故　　　　　　　　B. 较大事故
　　C. 重大事故　　　　　　　　D. 死亡事故

6.【单选题】某市地铁工程施工作业面内，因大量水和流沙涌入，引起部分结构损坏及周边地区地面沉降，造成3栋建筑物严重倾斜，直接经济损失约合1.5亿元。根据《生产安全事故报告和调查处理条例》规定，该事故等级属于（　　）。

　　A. 特别重大事故　　　　　　B. 重大事故
　　C. 较大事故　　　　　　　　D. 一般事故

7.【单选题】以下关于安全事故调查的说法中，错误的是（　　）。

A. 重大事故由事故发生地省级人民政府负责调查

B. 较大事故的事故发生地与事故发生单位不在同一个县级以上行政区域的，由事故发生单位所在地的人民政府负责调查，事故发生地人民政府应当派人参加

C. 一般事故以下等级事故，可由县级人民政府直接组织事故调查，也可由上级人民政府组织事故调查

D. 特别重大事故由国务院或者国务院授权有关部门组织事故调查组进行调查

8.【多选题】根据《生产安全事故报告和调查处理条例》规定，以下事故等级分类正确的有（　　）。

A. 造成 120 人急性工业中毒的事故为特别重大事故
B. 造成 8000 万元直接经济损失的事故为重大事故
C. 造成 3 人死亡 800 万元直接经济损失的事故为一般事故
D. 造成 10 人死亡 35 人重伤的事故为较大事故
E. 造成 10 人死亡 35 人重伤的事故为重大事故

9.【多选题】根据《生产安全事故报告和调查处理条例》规定，事故一般分为以下（　　）等级。

A. 特别重大事故　　　　　　　　B. 重大事故
C. 大事故　　　　　　　　　　　D. 一般事故
E. 较大事故

【答案】1. ×；2. ×；3. ×；4. ×；5. C；6. A；7. B；8. ABE；9. ABDE

第三节　《建设工程安全生产管理条例》《建设工程质量管理条例》

考点 11：《建设工程安全生产管理条例》★●

> **教材点睛**　教材 P16-19
>
> **1. 立法目的：** 加强建设工程安全生产监督管理，保障人民群众生命和财产安全。
> **2.** 现行《建设工程安全生产管理条例》是 2004 年施行的。
> **3.**《建设工程安全生产管理条例》关于施工单位的安全责任的有关规定
> **法规依据：**《建设工程安全生产管理条例》第 20 条～第 38 条。
> （1）施工单位有关人员的安全责任
> 1）施工单位主要负责人（法人及施工单位全面负责、有生产经营决策权的人）：依法对本单位的安全生产工作全面负责。
> 2）施工单位的项目负责人（具有建造师执业资格的项目经理）：对建设工程项目的安全全面负责。
> 3）专职安全生产管理人员（具有安全生产考核合格证书）：对安全生产进行现场监督检查。发现安全事故隐患，应当及时向项目负责人和安全生产管理机构报告；对于违章指挥、违章操作的，应当立即制止。
> （2）总承包单位和分包单位的安全责任
> 总承包单位对施工现场的安全生产负总责，分包单位应当服从总承包单位的安全生产管理；总承包单位和分包单位对分包工程的安全生产承担连带责任，但分包单位不服从管理导致生产安全事故的，由分包单位承担主要责任。

> **教材点睛** 教材 P16—19（续）
>
> （3）安全生产教育培训
> 1）管理人员的考核：施工单位的主要负责人、项目负责人、专职安全生产管理人员应当经建设行政主管部门或者其他有关部门考核合格后方可任职。
> 2）作业人员的安全生产教育培训：日常培训、新岗位培训、特种作业人员的专门培训。
> （4）施工单位应采取的安全措施
> 编制安全技术措施、施工现场临时用电方案和专项施工方案；实行安全施工技术交底；设置施工现场安全警示标志；采取施工现场安全防护措施；施工现场的布置应当符合安全和文明施工要求；采取周边环境防护措施；制定实施施工现场消防安全措施；加强安全防护设备、起重机械设备管理；为施工现场从事危险作业人员办理意外伤害保险。

巩固练习

1.【判断题】建设工程施工前，施工单位负责该项目管理的施工员应当对有关安全施工的技术要求向施工作业班组、作业人员做出详细说明，并由双方签字确认。（   ）

2.【判断题】施工技术交底的目的是使现场施工人员对安全生产有所了解，最大限度避免安全事故的发生。（   ）

3.【判断题】施工单位应当在施工现场入口处、施工起重机械、临时用电设施、脚手架等危险部位，设置明显的安全警示标志。（   ）

4.【单选题】以下关于专职安全生产管理人员的说法中，有误的是（   ）。

A. 施工单位安全生产管理机构的负责人及其工作人员属于专职安全生产管理人员

B. 施工现场专职安全生产管理人员属于专职安全生产管理人员

C. 专职安全生产管理人员是指经建设单位安全生产考核合格取得安全生产考核证书的专职人员

D. 专职安全生产管理人员应当对安全生产进行现场监督检查

5.【单选题】下列安全生产教育培训中，不是施工单位必须做的是（   ）。

A. 施工单位主要负责人的考核

B. 特种作业人员的专门培训

C. 作业人员进入新岗位前的安全生产教育培训

D. 监理人员的考核培训

6.【单选题】《特种设备安全监察条例》规定的施工起重机械，在验收前应当经有相应资质的检验检测机构监督检验合格。施工单位应当自施工起重机械和整体提升脚手架、模板等自升式架设设施验收合格之日起（   ）日内，向建设行政主管部门或者其他有关部门登记。

A. 15   B. 30

C. 7　　　　　　　　　　　　　D. 60

7.【多选题】以下关于总承包单位和分包单位的安全责任的说法中，正确的是（　　）。
  A. 总承包单位应当自行完成建设工程主体结构的施工
  B. 总承包单位对施工现场的安全生产负总责
  C. 经业主认可，分包单位可以不服从总承包单位的安全生产管理
  D. 分包单位不服从管理导致生产安全事故的，由总承包单位承担主要责任
  E. 总承包单位和分包单位对分包工程的安全生产承担连带责任

8.【多选题】根据《建设工程安全生产管理条例》，应编制专项施工方案，并附具安全验算结果的分部分项工程包括（　　）。
  A. 深基坑工程　　　　　　　　B. 起重吊装工程
  C. 模板工程　　　　　　　　　D. 楼地面工程
  E. 脚手架工程

9.【多选题】施工单位应当根据论证报告修改完善专项方案，并经（　　）签字后，方可组织实施。
  A. 施工单位技术负责人　　　　B. 总监理工程师
  C. 项目监理工程师　　　　　　D. 建设单位项目负责人
  E. 建设单位法人

10.【多选题】施工单位使用承租的机械设备和施工机具及配件的，由（　　）共同进行验收。
  A. 施工总承包单位　　　　　　B. 出租单位
  C. 分包单位　　　　　　　　　D. 安装单位
  E. 建设监理单位

【答案】1. √；2. ×；3. √；4. C；5. D；6. B；7. ABE；8. ABCE；9. AB；10. ABCD

考点 12：《建设工程质量管理条例》★●

> **教材点睛** 教材 P19-20
>
> **1. 立法目的**：加强对建设工程质量的管理，保证建设工程质量，保护人民生命和财产安全。
>
> **2.** 现行《建设工程质量管理条例》是 2019 年修订的。
>
> **3.**《建设工程质量管理条例》关于施工单位的质量责任和义务的有关规定
>
> **法规依据**：《建设工程质量管理条例》第 25 条～第 33 条。
>
> （1）依法承揽工程：施工单位应依法取得相应等级的资质证书，在资质等级许可范围内承揽工程；禁止以超资质、挂靠、被挂靠等方式承揽工程；不得转包或者违法分包工程。
>
> （2）施工单位的质量责任：施工单位对建设工程的施工质量负责。建设工程实行总承包的，总承包单位应当对全部建设工程质量负责；建设工程勘察、设计、施工、设

> **教材点睛** 教材 P19-20（续）
>
> 备采购的一项或者多项实行总承包的，总承包单位应当对其承包的建设工程或者采购设备的质量负责；分包单位应当对其分包工程的质量向总承包单位负责，总承包单位与分包单位对分包工程的质量承担连带责任。
> （3）施工单位的质量义务：按图施工；对建筑材料、构配件和设备进行检验的责任；对施工质量进行检验的责任；见证取样；保修责任。

巩固练习

1.【判断题】施工人员对涉及结构安全的试块、试件以及有关材料，应当在建设单位或者工程监理单位监督下现场取样，并送具有相应资质等级的质量检测单位进行检测。
（　　）

2.【判断题】在建设单位竣工验收合格前，施工单位应对质量问题履行返修义务。
（　　）

3.【单选题】某项目分期开工建设，开发商二期工程 3、4 号楼仍然复制使用一期工程施工图纸。施工时施工单位发现该图纸使用的 02 标准图集现已废止，按照《建设工程质量管理条例》的规定，施工单位正确的做法是（　　）。

A. 继续按图施工，因为按图施工是施工单位的本分
B. 按现行图集套改后继续施工
C. 及时向有关单位提出修改意见
D. 由施工单位技术人员修改图纸

4.【单选题】根据《建设工程质量管理条例》规定，施工单位应当对建筑材料、建筑构配件、设备和商品混凝土进行检验，下列做法不符合规定的是（　　）。

A. 未经检验的，不得用于工程中
B. 检验不合格的，应当重新检验，直至合格
C. 检验要按规定的格式形成书面记录
D. 检验要有相关的专业人员签字

5.【单选题】根据有关法律法规关于工程返修的规定，下列说法正确的是（　　）。

A. 对施工过程中出现质量问题的建设工程，若非施工单位原因造成的，施工单位不负责返修
B. 对施工过程中出现质量问题的建设工程，无论是否由施工单位造成，施工单位都应负责返修
C. 对竣工验收不合格的建设工程，若非施工单位原因造成的，施工单位不负责返修
D. 对竣工验收不合格的建设工程，若是施工单位原因造成的，施工单位负责有偿返修

6.【多选题】以下各项中，属于施工单位的质量责任和义务的有（　　）。

A. 建立质量保证体系
B. 按图施工

C. 对建筑材料、构配件和设备进行检验的责任
D. 组织竣工验收
E. 见证取样

【答案】1. √；2. √；3. C；4. B；5. B；6. ABCE

第四节 《中华人民共和国劳动法》《中华人民共和国劳动合同法》①

考点13：《劳动法》《劳动合同法》的立法目的

> **教材点睛** 教材P21
>
> **1.《劳动法》的立法目的**：保护劳动者的合法权益，调整劳动关系，建立和维护适应社会主义市场经济的劳动制度，促进经济发展和社会进步。现行《劳动法》是2018年修订的。
>
> **2.《劳动合同法》的立法目的**：完善劳动合同制度，明确劳动合同双方当事人的权利和义务，保护劳动者的合法权益，构建和发展和谐稳定的劳动关系。现行《劳动合同法》是2013年施行的。

考点14：《劳动法》《劳动合同法》关于劳动合同和集体合同的有关规定 ★●

> **教材点睛** 教材P21-27
>
> **法规依据**：关于劳动合同的条文见《劳动法》第16条～第32条、《劳动合同法》第7条～第50条。
>
> 关于集体合同的条文见《劳动法》第33条～第35条、《劳动合同法》第51条～第56条。
>
> **1. 劳动合同分类**：分为固定期限劳动合同、无固定期限劳动合同和以完成一定工作任务为期限的劳动合同。集体合同实际上是一种特殊的劳动合同。
>
> **2. 劳动合同的订立**
>
> （1）劳动合同的类型：固定期限劳动合同、期限劳动合同、无固定期限劳动合同。
>
> （2）应当订立无固定期限劳动合同的情况：劳动者在该用人单位连续工作满10年的；用人单位初次实行劳动合同制度或者国有企业改制重新订立劳动合同时，劳动者在该用人单位连续工作满10年且距法定退休年龄不足10年的；同一单位连续订立两次固定期限劳动合同的。
>
> （3）订立劳动合同的时间限制：建立劳动关系，应当订立书面劳动合同。

---

① 以下分别简称《劳动法》《劳动合同法》。

教材点睛 教材 P21-27（续）

3. 劳动合同无效的情况
（1）以欺诈、胁迫的手段或者乘人之危，使对方在违背真实意思的情况下订立或者变更劳动合同的。
（2）用人单位免除自己的法定责任、排除劳动者权利的。
（3）违反法律、行政法规强制性规定的。
劳动合同部分无效，不影响其他部分效力的，其他部分仍然有效。
4. 劳动合同的解除【详见 P24-26】
5. 集体合同的内容与订立
（1）集体合同的主要内容包括：劳动报酬、工作时间、休息休假、劳动安全卫生、保险福利等事项，也可以就劳动安全卫生、女职工权益保护、工资调整机制等事项订立专项集体合同。
（2）集体合同的签订人：工会代表职工或由职工推举的代表。
（3）集体合同的效力：对企业和企业全体职工具有约束力。职工个人与企业订立的劳动合同中劳动条件和劳动报酬等标准不得低于集体合同的规定。
（4）集体合同争议的处理：因履行集体合同发生争议，经协商解决不成的，工会或职工协商代表可以自劳动争议发生之日起 1 年内向劳动争议仲裁委员会申请劳动仲裁；对劳动仲裁结果不服的，可以自收到仲裁裁决书之日起 15 日内向人民法院提起诉讼。

考点 15：《劳动法》关于劳动安全卫生的有关规定●

教材点睛 教材 P27

法规依据：《劳动法》第 52 条～第 57 条。
1. 劳动安全卫生的概念：指直接保护劳动者在劳动中的安全和健康的法律保护。
2. 用人单位和劳动者应当遵守的劳动安全卫生法律规定【详见 P27】。

巩固练习

1.【判断题】《劳动合同法》的立法目的，是完善劳动合同制度，建立和维护适应社会主义市场经济的劳动制度，明确劳动合同双方当事人的权利和义务，保护劳动者的合法权益，构建和发展和谐稳定的劳动关系。（　　）

2.【判断题】用人单位和劳动者之间订立的劳动合同可以采用书面或口头形式。（　　）

3.【判断题】已建立劳动关系，未同时订立书面劳动合同的，应当自用工之日起一个月内订立书面劳动合同。（　　）

4.【判断题】用人单位违反集体合同，侵犯职工劳动权益的，职工可以要求用人单位承担责任。（　　）

5.【单选题】下列社会关系中，属于我国《劳动法》调整的劳动关系的是（　　）。

　　A. 施工单位与某个体经营者之间的加工承揽关系

　　B. 劳动者与施工单位之间在劳动过程中发生的关系

　　C. 家庭雇佣劳动关系

　　D. 社会保险机构与劳动者之间的关系

6.【单选题】2005年2月1日小李经过面试合格后，与某建筑公司签订了为期5年的用工合同，并约定了试用期，则试用期最迟至（　　）。

　　A. 2005年2月28日　　　　　　B. 2005年5月31日

　　C. 2005年8月1日　　　　　　D. 2006年2月1日

7.【单选题】甲建筑材料公司聘请王某担任推销员，双方签订劳动合同，合同中约定如果王某完成承包标准，每月基本工资1000元，超额部分按40%提成；若完不成任务，可由公司扣减工资。下列选项中表述正确的是（　　）。

　　A. 甲建筑材料公司不得扣减王某工资

　　B. 由于在试用期内，所以甲建筑材料公司的做法符合《劳动合同法》

　　C. 甲建筑材料公司可以扣发王某的工资，但是不得低于用人单位所在地的最低工资标准

　　D. 试用期内的工资不得低于本单位相同岗位的最低档工资

8.【单选题】贾某与乙建筑公司签订了一份劳动合同，在合同尚未期满时，贾某拟解除劳动合同。根据相关规定，贾某应当提前（　　）日以书面形式通知用人单位。

　　A. 3　　　　　　　　　　　　B. 15

　　C. 15　　　　　　　　　　　D. 30

9.【单选题】在下列情形中，用人单位可以解除劳动合同，但应当提前30天以书面形式通知劳动者本人的是（　　）。

　　A. 小王在试用期内迟到早退，不符合录用条件

　　B. 小李因盗窃被判刑

　　C. 小张在外出执行任务时负伤，失去左腿

　　D. 小吴下班时间因酗酒摔伤住院，出院后不能从事原工作，也拒不从事单位另行安排的工作

10.【单选题】按照《劳动合同法》的规定，在下列选项中，用人单位提前30天以书面形式通知劳动者本人或额外支付1个月工资后可以解除劳动合同的情形是（　　）。

　　A. 劳动者患病或非工负伤在规定的医疗期满后不能胜任原工作的

　　B. 劳动者试用期间被证明不符合录用条件的

　　C. 劳动者被依法追究刑事责任的

　　D. 劳动者不能胜任工作，经培训或调整岗位仍不能胜任工作的

11.【单选题】王某应聘到某施工单位，双方于4月15日签订为期3年的劳动合同，其中约定试用期3个月，次日合同开始履行，同年7月18日，王某拟解除劳动合同，则（　　）。

A. 必须取得用人单位同意

B. 口头通知用人单位即可

C. 应提前30日以书面形式通知用人单位

D. 应报请劳动行政主管部门同意后以书面形式通知用人单位

12.【单选题】2013年1月，甲建筑材料公司聘请王某担任推销员，但2013年3月，由于王某怀孕，身体健康状况欠佳，未能完成任务，为此，公司按合同的约定扣减工资，只发生活费，其后，王某又有两个月均未能完成承包任务，因此，甲建筑材料公司解除与王某的劳动合同。下列选项中表述正确的是（　　）。

A. 由于在试用期内，甲建筑材料公司可以随时解除劳动合同

B. 由于王某不能胜任工作，甲建筑材料公司应提前30日通知王某，解除劳动合同

C. 甲建筑材料公司可以支付王某一个月工资后解除劳动合同

D. 由于王某在怀孕期间，所以甲建筑材料公司不能解除劳动合同

13.【多选题】无效的劳动合同，从订立的时候起，就没有法律约束力。下列属于无效的劳动合同的有（　　）。

A. 报酬较低的劳动合同

B. 违反法律、行政法规强制性规定的劳动合同

C. 采用欺诈、威胁等手段订立的严重损害国家利益的劳动合同

D. 未规定明确合同期限的劳动合同

E. 劳动内容约定不明确的劳动合同

14.【多选题】关于劳动合同变更，下列表述中正确的有（　　）。

A. 用人单位与劳动者协商一致，可变更劳动合同的内容

B. 变更劳动合同只能在合同订立之后、尚未履行之前进行

C. 变更后的劳动合同文本由用人单位和劳动者各执一份

D. 变更劳动合同，应采用书面形式

E. 建筑公司可以单方变更劳动合同，变更后劳动合同有效

15.【多选题】根据《劳动合同法》，劳动者有下列（　　）情形之一的，用人单位可随时解除劳动合同。

A. 在试用期间被证明不符合录用条件的

B. 严重失职，营私舞弊，给用人单位造成重大损害的

C. 劳动者不能胜任工作，经过培训或者调整工作岗位，仍不能胜任工作的

D. 劳动者患病，在规定的医疗期满后不能从事原工作，也不能从事由用人单位另行安排的工作的

E. 被依法追究刑事责任

16.【多选题】某建筑公司发生以下事件：职工李某因工负伤而丧失劳动能力；职工王某因盗窃自行车一辆而被公安机关给予行政处罚；职工徐某因与他人同居而怀孕；职工陈某被派往境外逾期未归；职工张某因工程重大安全事故罪被判刑。对此，建筑公司可以随时解除劳动合同的有（　　）。

A. 李某　　　　　　　　　　　B. 王某

C. 徐某　　　　　　　　　　　D. 陈某

E. 张某

17.【多选题】在下列情形中，用人单位不得解除劳动合同的有（   ）。
A. 劳动者被依法追究刑事责任
B. 女职工在孕期、产期、哺乳期
C. 患病或者非因工负伤，在规定的医疗期内的
D. 因工负伤被确认丧失或者部分丧失劳动能力
E. 劳动者不能胜任工作，经过培训，仍不能胜任工作的

18.【多选题】下列情况中，劳动合同终止的有（   ）。
A. 劳动者开始依法享受基本养老待遇　　B. 劳动者死亡
C. 用人单位名称发生变更　　　　　　　D. 用人单位投资人变更
E. 用人单位被依法宣告破产

【答案】1. ×；2. ×；3. √；4. ×；5. B；6. C；7. C；8. D；9. D；10. D；11. C；12. D；13. BC；14. ACD；15. ABE；16. DE；17. BCD；18. ABE

第二章　建筑材料

第一节　无机胶凝材料

考点 16：无机胶凝材料的分类及特性 ★●

> **教材点睛**　教材 P28

无机胶凝材料类型	适用环境	代表材料
气硬性胶凝材料	只适用于干燥环境	石灰、石膏、水玻璃
水硬性胶凝材料	既能适用于干燥环境，也适用于潮湿环境及水中工程	水泥

考点 17：水泥的特性、主要技术性质及应用 ★●

> **教材点睛**　教材 P29-32
>
> **1. 通用水泥的特性及应用**【详见 P29 表 2-2】
>
> **2. 通用水泥的主要技术性质**：细度、标准稠度及其用水量、凝结时间、体积安定性、强度、水化热。
>
> **3. 特性水泥的分类、特性及应用**
>
> （1）快硬硅酸盐水泥（快硬水泥）
>
> 1）硅酸盐水泥熟料加适量石膏磨细制成。
>
> 2）适用范围：可用于紧急抢修工程、低温施工工程等，可配制成早强、高等级混凝土。
>
> 3）优缺点：凝结硬化快，早期强度增长率高。快硬水泥易受潮变质，故储运时须特别注意防潮，并应及时使用，不宜久存，出厂超过 1 个月，应重新检验，合格后方可使用。
>
> （2）白色硅酸盐水泥（白水泥）、彩色硅酸盐水泥（彩色水泥）
>
> 1）白水泥：以白色硅酸盐水泥熟料，加入适量石膏，经磨细制成的水硬性胶凝材料。
>
> 2）彩色水泥：① 在白水泥的生料中加入少量金属氧化物，直接烧成彩色水泥熟料，然后再加适量石膏磨细而成。② 为白水泥熟料、适量石膏及碱性颜料共同磨细而成。
>
> 3）适用范围：主要用于建筑物室内外的装饰。配以大理石、白云石石子和石英砂等粗细骨料，可以拌制成彩色砂浆和混凝土，做成彩色水磨石、水刷石等。

> **教材点睛** 教材P29-32（续）
>
> （3）膨胀水泥
>
> 1）以适当比例的硅酸盐水泥或普通硅酸盐水泥、铝酸盐水泥等和天然二水石膏磨制而成的膨胀性的水硬性胶凝材料。
>
> 2）我国常用的膨胀水泥：硅酸盐、铝酸盐、硫铝酸及铁铝酸盐膨胀水泥等。
>
> 3）适用范围：主要用于收缩补偿混凝土工程，防渗混凝土（屋顶防渗、水池等），防渗砂浆，结构的加固，构件接缝、接头的灌浆，固定设备的基座及地脚螺栓等。

巩固练习

1.【判断题】气硬性胶凝材料只能在空气中凝结、硬化、保持和发展强度，一般只适用于干燥环境，不宜用于潮湿环境与水中；水硬性胶凝材料则只能适用于潮湿环境与水中。（　　）

2.【判断题】通常将水泥、矿物掺合料、粗细骨料、水和外加剂按一定的比例配制而成的、干表观密度为2000～3000kg/m³的混凝土称为普通混凝土。（　　）

3.【单选题】属于水硬性胶凝材料的是（　　）。
A. 石灰　　　　　　　　　　B. 石膏
C. 水泥　　　　　　　　　　D. 水玻璃

4.【单选题】气硬性胶凝材料一般只适用于（　　）环境中。
A. 干燥　　　　　　　　　　B. 干湿交替
C. 潮湿　　　　　　　　　　D. 水中

5.【单选题】下列（　　）不属于按用途和性能对水泥进行分类。
A. 通用水泥　　　　　　　　B. 专用水泥
C. 特性水泥　　　　　　　　D. 多用水泥

6.【单选题】下列关于建筑工程常用特性水泥的特性及应用的表述中，不正确的是（　　）。
A. 白水泥和彩色水泥主要用于建筑物室内外的装饰
B. 膨胀水泥主要用于收缩补偿混凝土工程，防渗混凝土，防渗砂浆，结构的加固，构件接缝、接头的灌浆，固定设备的基座及地脚螺栓等
C. 快硬水泥易受潮变质，故储运时须特别注意防潮，并应及时使用，不宜久存，出厂超过3个月，应重新检验，合格后方可使用
D. 快硬硅酸盐水泥可用于紧急抢修工程、低温施工工程等，可配制成早强、高等级混凝土

7.【多选题】下列关于通用水泥的特性及应用的基本规定中，表述正确的是（　　）。
A. 复合硅酸盐水泥适用于早期强度要求高的工程及冬期施工的工程
B. 矿渣硅酸盐水泥适用于大体积混凝土工程
C. 粉煤灰硅酸盐水泥适用于有抗渗要求的工程

D. 火山灰质硅酸盐水泥适用于抗裂性要求较高的构件
E. 硅酸盐水泥适用于严寒地区反复遭受冻融循环作用的混凝土工程
8.【多选题】下列各项,属于通用水泥主要技术指标的是( )。
A. 细度
B. 凝结时间
C. 黏聚性
D. 体积安定性
E. 水化热

【答案】1. ×;2. ×;3. C;4. A;5. D;6. C;7. BE;8. ABDE

第二节 混 凝 土

考点18:普通混凝土 ★●

教材点睛 教材P32-36

1. 普通混凝土(干表观密度为2000～2800kg/m³)的分类

普通混凝土分类一览表

按用途分类	结构混凝土、抗渗混凝土、抗冻混凝土、大体积混凝土、水工混凝土、耐热混凝土、耐酸混凝土、装饰混凝土等	普通混凝土广泛用于建筑、桥梁、道路、水利、码头、海洋等工程
按强度等级分类	普通强度混凝土(＜C60)、高强混凝土(≥C60)、超高强混凝土(≥C100)	
按施工工艺分类	喷射混凝土、泵送混凝土、碾压混凝土、压力灌浆混凝土、离心混凝土、真空脱水混凝土	

2. 普通混凝土的主要技术性质

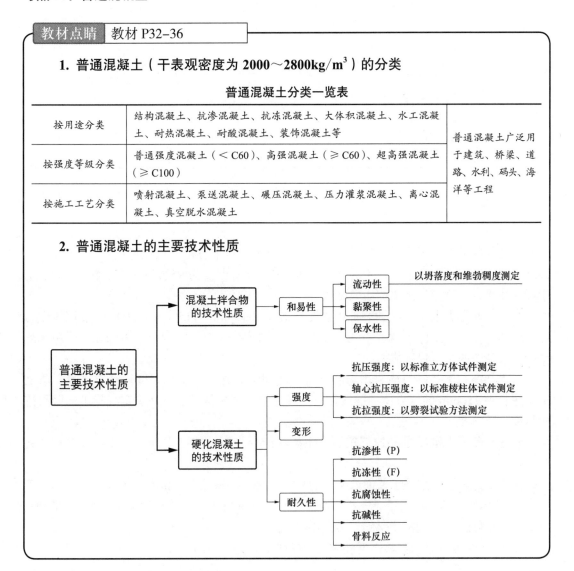

> **教材点睛** 教材 P32-36（续）

3. 普通混凝土的组成材料及其主要技术要求

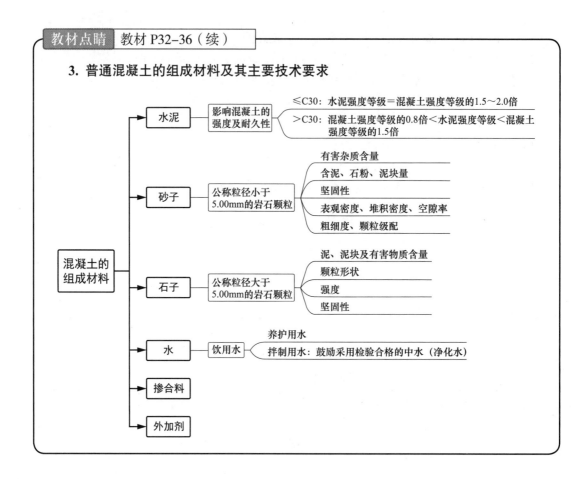

> **巩固练习**

1.【判断题】混凝土立方体抗压强度标准值是指按照标准方法制成边长为150mm的标准立方体试件，在标准条件（温度20℃±2℃，相对湿度为95%以上）下养护28d，采用标准试验方法测得的极限抗压强度值。（　　）

2.【判断题】混凝土的轴心抗压强度是指采用150mm×150mm×500mm棱柱体作为标准试件，在标准条件（温度20℃±2℃，相对湿度为95%以上）下养护28d，采用标准试验方法测得的抗压强度值。（　　）

3.【判断题】我国目前采用劈裂试验方法测定混凝土的抗拉强度。劈裂试验方法是采用边长为150mm的立方体标准试件，按规定的劈裂拉伸试验方法测定混凝土的劈裂抗拉强度。（　　）

4.【判断题】混凝土外加剂按照其主要功能分为高性能减水剂、高效减水剂、普通减水剂、引气减水剂、泵送剂、早强剂、缓凝剂和引气剂共八类。（　　）

5.【单选题】下列关于普通混凝土的分类方法中，说法错误的是（　　）。

A. 按用途分为结构混凝土、抗渗混凝土、抗冻混凝土、大体积混凝土、水工混凝土、耐热混凝土、耐酸混凝土、装饰混凝土等

B. 按强度等级分为普通强度混凝土、高强混凝土、超高强混凝土

C. 按强度等级分为低强度混凝土、普通强度混凝土、高强混凝土、超高强混凝土
D. 按工艺分为喷射混凝土、泵送混凝土、碾压混凝土、压力灌浆混凝土、离心混凝土、真空脱水混凝土

6.【单选题】下列关于混凝土耐久性的表述中,正确的是(　　)。
A. 抗渗等级是以 28d 龄期的标准试件,用标准试验方法进行试验,以每组八个试件,六个试件未出现渗水时,所能承受的最大静水压来确定
B. 主要包括抗渗性、抗冻性、耐久性、抗碳化、抗碱-骨料反应等方面
C. 抗冻等级是 28d 龄期的混凝土标准试件,在浸水饱和状态下,进行冻融循环试验,以抗压强度损失不超过 20%,同时质量损失不超过 10% 时,所能承受的最大冻融循环次数来确定
D. 当工程所处环境存在侵蚀介质时,对混凝土必须提出耐久性要求

7.【单选题】下列关于膨胀剂、防冻剂、泵送剂、速凝剂的说法中,有误的是(　　)。
A. 膨胀剂是能使混凝土产生一定体积膨胀的外加剂
B. 常用防冻剂有氯盐类、氯盐阻锈类、氯盐与阻锈剂为主复合的外加剂、硫酸盐类
C. 泵送剂是改善混凝土泵送性能的外加剂
D. 速凝剂主要用于喷射混凝土、堵漏等

8.【多选题】下列关于普通混凝土的组成材料及其主要技术要求的说法中,正确的是(　　)。
A. 一般情况下,配制中、低强度的混凝土时,水泥强度等级为混凝土强度等级的 1.0~1.5 倍
B. 天然砂的坚固性用硫酸钠溶液法检验,砂样经 5 次循环后,其质量损失应符合国家标准的规定
C. 和易性一定时,采用粗砂配制混凝土,可减少拌合用水量,节约水泥用量
D. 水按水源不同分为饮用水、地表水、地下水、海水及工业废水
E. 混凝土用水应优先采用符合国家标准的饮用水

【答案】1. √; 2. ×; 3. √; 4. √; 5. C; 6. B; 7. B; 8. BCE

考点 19:轻混凝土、高性能混凝土、预拌混凝土 ★

教材点睛　教材 P36-37

1. 轻混凝土
(1) 轻混凝土的分类

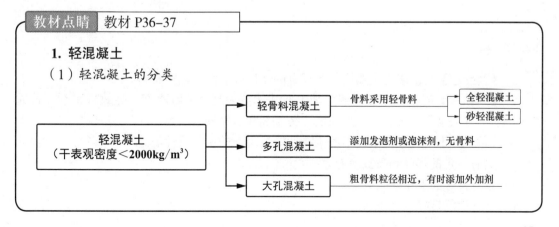

> **教材点睛** 教材P36-37（续）

（2）轻混凝土的主要特性：表观密度小、保温性能良好、耐火性能良好、力学性能良好、易于加工。

（3）适用范围：主要用于非承重的墙体及保温、隔声材料。轻骨料混凝土还可用于承重结构，以达到减轻自重的目的。

2. 高性能混凝土

（1）高性能混凝土的主要特性：具有一定的强度和高抗渗能力；具有良好的工作性能、耐久性好；具有较高的体积稳定性（早期水化热低、后期收缩变形小）。

（2）适用范围：桥梁、高层建筑、工业厂房、港口及海洋、水工结构等工程。

3. 预拌混凝土（商品混凝土）

预拌混凝土设备利用率高，计量准确，产品质量好，材料消耗少，工效高，成本较低，且能改善劳动条件，减少环境污染。

考点20：常用混凝土外加剂的品种及应用 ★●

> **教材点睛** 教材P37-39

1. 混凝土外加剂的分类及主要功能

序号	外加剂分类及主要功能	代表外加剂名称
1	改善混凝土拌合物流变性的外加剂	减水剂、泵送剂等
2	调节混凝土凝结时间、硬化性能的外加剂	缓凝剂、速凝剂、早强剂等
3	改善混凝土耐久性的外加剂	引气剂、防水剂、阻锈剂和矿物外加剂等
4	改善混凝土其他性能的外加剂	加气剂、膨胀剂、防冻剂和着色剂等

2. 混凝土外加剂常用品种：减水剂、早强剂、氯盐类早强剂、硫酸盐类早强剂、缓凝剂、引气剂、膨胀剂、防冻剂、泵送剂、速凝剂（用于喷射混凝土、堵漏等）。

> **巩固练习**

1.【判断题】轻混凝土主要用于非承重的墙体及保温、隔声材料。（   ）

2.【判断题】混凝土外加剂按照其主要功能分为高性能减水剂、高效减水剂、普通减水剂、引气减水剂、泵送剂、早强剂、缓凝剂和引气剂共八类。（   ）

3.【单选题】下列表述中，不属于高性能混凝土的主要特性的是（   ）。

A. 具有一定的强度和高抗渗能力

B. 具有良好的工作性能

C. 力学性能良好

D. 具有较高的体积稳定性

4. 【单选题】轻混凝土的干表观密度是（　　）。
A. ＜1000kg/m³
B. ＜1200kg/m³
C. ＜1500kg/m³
D. ＜2000kg/m³

5. 【单选题】下列各项中，不属于常用早强剂的是（　　）。
A. 氯盐类早强剂
B. 硝酸盐类早强剂
C. 硫酸盐类早强剂
D. 有机胺类早强剂

6. 【单选题】改善混凝土拌合物和易性的外加剂是（　　）。
A. 缓凝剂
B. 早强剂
C. 引气剂
D. 速凝剂

7. 【单选题】下列关于膨胀剂、防冻剂、泵送剂、速凝剂的说法中，错误的是（　　）。
A. 膨胀剂是能使混凝土产生一定体积膨胀的外加剂
B. 常用防冻剂有氯盐类、氯盐阻锈类、氯盐与阻锈剂为主复合的外加剂、硫酸盐类
C. 泵送剂是改善混凝土泵送性能的外加剂
D. 速凝剂主要用于喷射混凝土、堵漏等

8. 【多选题】预拌混凝土（商品混凝土）的特点有（　　）。
A. 设备利用率高
B. 成本较低
C. 改善劳动条件
D. 材料消耗大
E. 减少环境污染

9. 【多选题】下列各项中，属于减水剂的是（　　）。
A. 高效减水剂
B. 早强减水剂
C. 复合减水剂
D. 缓凝减水剂
E. 泵送减水剂

10. 【多选题】混凝土缓凝剂主要用于（　　）的施工。
A. 高温季节混凝土
B. 蒸养混凝土
C. 大体积混凝土
D. 滑模工艺混凝土
E. 商品混凝土

11. 【多选题】混凝土引气剂适用于（　　）的施工。
A. 蒸养混凝土
B. 大体积混凝土
C. 抗冻混凝土
D. 防水混凝土
E. 泌水严重的混凝土

【答案】1. √；2. √；3. C；4. D；5. B；6. C；7. B；8. ABCE；9. ABD；10. ACD；11. CDE

第三节 砂 浆

考点 21：砂浆 ★ ●

> **教材点睛** 教材 P39-41
>
> **1. 砂浆的分类、特性及应用**
>
>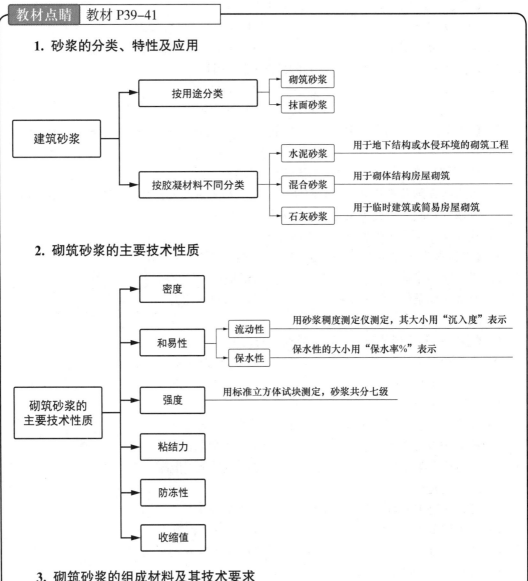
>
> **2. 砌筑砂浆的主要技术性质**
>
> **3. 砌筑砂浆的组成材料及其技术要求**
>
> （1）胶凝材料（水泥）
>
> 1）常用水泥品种：普通水泥、矿渣水泥、火山灰水泥、粉煤灰水泥和砌筑水泥等。
>
> 2）根据砂浆品种及强度等级选用水泥品种：M15及以下强度等级的砌筑砂浆宜选用42.5级通用硅酸盐水泥或砌筑水泥；M15以上强度等级的砌筑砂浆宜选用42.5级通用硅酸盐水泥。

教材点睛 教材 P39-41（续）

（2）细骨料（砂）：除毛石砌体宜选用粗砂外，其他一般宜选用中砂。砂的含泥量不应超过 5%。

（3）水：选用不含有害杂质的洁净水来拌制砂浆。

（4）掺加料：石灰膏（严禁使用脱水硬化的石灰膏）、电石膏（没有乙炔气味后，方可使用）、粉煤灰。（消石灰粉不得直接用于砌筑砂浆中）

（5）常用外加剂：有机塑化剂、引气剂、早强剂、缓凝剂、防冻剂等。

4. 抹面砂浆的分类及应用

（1）抹面砂浆（抹灰砂浆）的作用：保护墙体不受风雨、潮气等侵蚀，提高墙体的耐久性；也可使建筑表面平整、光滑、清洁美观。

（2）按使用要求不同可分为：普通抹面砂浆、装饰砂浆和具有特殊功能的抹面砂浆（如防水砂浆、耐酸砂浆、绝热砂浆、吸声砂浆等）。

（3）普通抹面砂浆

1）常用的普通抹面砂浆：水泥砂浆、水泥石灰砂浆、水泥粉煤灰砂浆、掺塑化剂水泥砂浆、聚合物水泥砂浆、石膏砂浆。

2）抹面砂浆施工通常分为底层、中层和面层施工。各层抹面砂浆配合比及用料，需根据其作用、要求、部位、环境及材料品种等因素确定。

5. 装饰砂浆

（1）材料组成：胶凝材料采用白水泥和彩色水泥，以及石灰、石膏等。细骨料常用大理石、花岗石等带颜色的细石渣或玻璃、陶瓷碎粒等。

（2）装饰砂浆常用的工艺做法：水刷石、水磨石、斩假石、拉毛等。

巩固练习

1. 【判断题】M15 以上强度等级的砌筑砂浆宜选用 42.5 级通用硅酸盐水泥。（　　）
2. 【单选题】下列关于砂浆与水泥的说法中，错误的是（　　）。
A. 根据胶凝材料的不同，建筑砂浆可分为石灰砂浆、水泥砂浆和混合砂浆
B. 水泥属于水硬性胶凝材料，因而只能在潮湿环境与水中凝结、硬化、保持和发展强度
C. 水泥砂浆强度高、耐久性和耐火性好，常用于地下结构或经常受水侵蚀的砌体部位
D. 水泥按其用途和性能可分为通用水泥、专用水泥以及特性水泥
3. 【单选题】下列关于砌筑砂浆主要技术性质的说法中，错误的是（　　）。
A. 砌筑砂浆的技术性质主要包括新拌砂浆的密度、和易性、硬化砂浆强度等指标
B. 流动性的大小用"沉入度"表示，通常用砂浆稠度测定仪测定
C. 砂浆流动性的选择与砌筑种类、施工方法及天气情况有关。流动性过大，砂浆太稀，不但铺砌难，而且硬化后强度降低；流动性过小，砂浆太稠，难于铺平

D. 砂浆的强度是以 5 个 150mm×150mm×150mm 的立方体试块，在标准条件下养护 28d 后，用标准方法测得的抗压强度（MPa）算术平均值来评定的

4.【单选题】下列关于砌筑砂浆的组成材料及其技术要求的说法中，正确的是（　　）。

A. M15 及以下强度等级的砌筑砂浆不宜选用 42.5 级通用硅酸盐水泥或砌筑水泥

B. 砌筑砂浆常用的细骨料为普通砂，砂的含泥量不应超过 5%

C. 生石灰熟化成石灰膏时，熟化时间不得少于 7d；磨细生石灰粉的熟化时间不得少于 3d

D. 制作电石膏的电石渣应用孔径不大于 3mm×3mm 的网过滤，检验时应加热至 70℃并保持 60min

5.【单选题】下列关于抹面砂浆分类及应用的说法中，不正确的是（　　）。

A. 常用的普通抹面砂浆有水泥砂浆、水泥石灰砂浆、水泥粉煤灰砂浆、掺塑化剂水泥砂浆等

B. 为了保证抹灰表面的平整，避免开裂和脱落，抹面砂浆通常分为底层、中层和面层

C. 装饰砂浆与普通抹面砂浆的主要区别在于中层和面层

D. 装饰砂浆常用的胶凝材料有白水泥和彩色水泥，以及石灰、石膏等

6.【多选题】装饰砂浆常用的工艺做法有（　　）。

A. 搓毛　　　　　　　　　　B. 拉毛
C. 斩假石　　　　　　　　　D. 水磨石
E. 水刷石

【答案】1. √；2. B；3. D；4. B；5. C；6. BCDE

第四节　石材、砖和砌块

考点 22：石材、砖和砌块 ★●

教材点睛　教材 P42-47

1. 石材的分类及应用

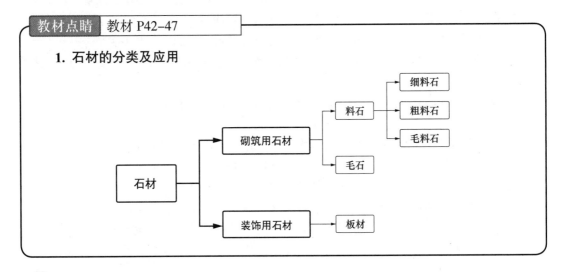

教材点睛 教材 P42-47（续）

（1）砌筑用石材主要用于建筑物基础、挡土墙等，也可用于建筑物墙体。

（2）装饰用石材主要用于公共建筑或装饰等级要求较高的室内外装饰工程。

2. 砖的分类、主要技术要求及应用

（1）烧结砖品种及用途

1）烧结普通砖：主要用于砌筑建筑物的内墙、外墙、柱、烟囱和窑炉。目前，禁止使用黏土实心砖，可使用黏土多孔砖和空心砖。

2）烧结多孔砖：优等品可用于墙体装饰和清水墙砌筑，一等品和合格品可用于混水墙，中等泛霜的砖不得用于潮湿部位。

3）烧结空心砖：主要用于多层建筑内隔墙或框架结构的填充墙等。

（2）非烧结砖的用途

常用的非烧结砖：蒸压灰砂砖、蒸压粉煤灰砖、炉渣砖、混凝土砖。以上均可用于工业与民用建筑的墙体和基础砌筑。除混凝土砖以外，均不得用于长期受热200℃以上、受急冷急热或有侵蚀的环境。

3. 砌块的分类、主要技术要求及应用

（1）目前我国常用的砌块：蒸压加气混凝土砌块、普通混凝土小型空心砌块、石膏砌块等。

（2）蒸压加气混凝土砌块：适用于低层建筑的承重墙，多层建筑和高层建筑的隔离墙、填充墙及工业建筑物的围护墙体和绝热墙体。

（3）普通混凝土小型空心砌块：建筑体系比较灵活，砌筑方便，主要用于建筑的内外墙体。

巩固练习

1.【判断题】砌筑用石材主要用于建筑物基础、挡土墙等。（　　）

2.【单选题】下列关于烧结砖的分类、主要技术要求及应用的说法中，正确的是（　　）。

A. 强度、抗风化性能和放射性物质合格的烧结普通砖，根据尺寸偏差、外观质量、泛霜和石灰爆裂等指标，分为优等品、一等品、合格品三个等级

B. 强度和抗风化性能合格的烧结空心砖，根据尺寸偏差、外观质量、孔型及孔洞排列、泛霜、石灰爆裂等指标，分为优等品、一等品、合格品三个等级

C. 烧结多孔砖主要用作非承重墙，如多层建筑内隔墙或框架结构的填充墙

D. 在对安全性要求低的建筑中，烧结空心砖可以用于承重墙体

3.【单选题】砌筑用石材分类不包括（　　）。

A. 毛料石　　　　　　　　　　B. 细料石
C. 板材　　　　　　　　　　　D. 粗料石

4.【单选题】砌墙砖按规格、孔洞率及孔的大小分类不包括（　　）。

A. 空心砖 B. 多孔砖
C. 实心砖 D. 普通砖

5.【单选题】按有无孔洞，砌块可分为实心砌块和空心砌块，空心砌块的空心率（　　）。

A. ≥10% B. ≥15%
C. ≥20% D. ≥25%

6.【多选题】下列关于砌筑用石材的分类及应用的说法中，正确的是（　　）。
A. 装饰用石材主要为板材
B. 细料石通过细加工、外形规则，叠砌面凹入深度不应大于10mm，截面的宽度、高度不应小于200mm，且不应小于长度的1/4
C. 毛料石外形大致方正，一般不加工或稍加修整，高度不应小于200mm，叠砌面凹入深度不应大于20mm
D. 毛石指形状不规则、中部厚度不小于300mm的石材
E. 装饰用石材主要用于公共建筑或装饰等级要求较高的室内外装饰工程

【答案】1. √；2. A；3. C；4. C；5. D；6. ABE

第五节　钢　　材

考点 23：钢材的分类及主要技术性能 ★ ●

教材点睛　教材 P47-50

1. **建筑工程中目前常用的钢种**是普通碳素结构钢和普通低合金结构钢。
2. **钢材的技术性能**

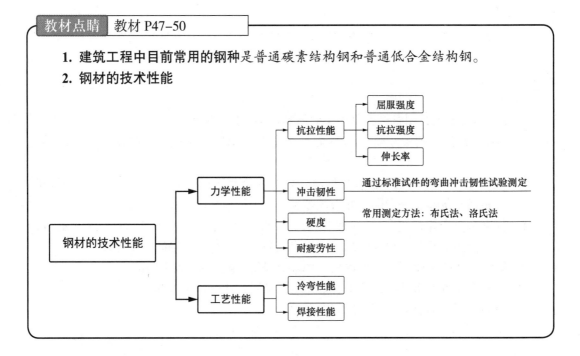

考点 24：钢结构用钢材的品种及特性 ★ ●

> **教材点睛** 教材 P50-52
>
> 1. **建筑钢结构用钢材**：分为碳素结构钢和低合金高强度结构钢两种。
> 2. **钢结构用钢材**：主要是型钢和钢板。型钢和钢板的成型有热轧和冷轧两种。
> 3. **常用热轧型钢**：角钢、工字钢、槽钢、H型钢等。
> （1）工字钢广泛应用于各种建筑结构和桥梁，主要用于承受横向弯曲（腹板平面内受弯）的杆件，但不宜单独用作轴心受压构件或双向弯曲的构件。
> （2）槽钢主要用于承受轴向力的杆件、承受横向弯曲的梁以及联系杆件，用于建筑钢结构、车辆制造等。
> （3）宽翼缘和中翼缘H型钢适用于钢柱等轴心受压构件，窄翼缘H型钢适用于钢梁等受弯构件。
> 4. **冷弯薄壁型钢**：类型有C型钢、U型钢、Z型钢、带钢、镀锌带钢、镀锌卷板、镀锌C型钢、镀锌U型钢、镀锌Z型钢。可用作钢架、桁架、梁、柱等主要承重构件，也可用作屋面檩条、墙架梁柱、龙骨、门窗、屋面板、墙面板、楼板等次要构件和围护结构。
> 5. **钢板**：按轧制方式可分为热轧钢板和冷轧钢板。① 热轧碳素结构钢厚板，是钢结构的主用钢材；② 低合金高强度结构钢厚板，用于重型结构、大跨度桥梁和高压容器等；③ 薄板用于屋面、墙面或轧型板原料等。

巩固练习

1.【判断题】低碳钢拉伸时，从受拉至拉断，经历的四个阶段为：弹性阶段、强化阶段、屈服阶段和颈缩阶段。（   ）

2.【判断题】冲击韧性指标是通过标准试件的弯曲冲击韧性试验确定的。（   ）

3.【判断题】钢板按轧制方式可分为热轧钢板、冷轧钢板和低温轧板。（   ）

4.【单选题】下列关于钢材分类的说法中，不正确的是（   ）。
A. 按化学成分合金钢分为低合金钢、中合金钢和高合金钢
B. 按质量分为普通钢、优质钢和高级优质钢
C. 含碳量为 0.2%～0.5% 的碳素钢为中碳钢
D. 按脱氧程度分为沸腾钢、镇静钢和特殊镇静钢

5.【单选题】下列关于钢结构用钢材的说法中，正确的是（   ）。
A. 工字钢主要用于承受轴向力的杆件、承受横向弯曲的梁以及联系杆件
B. Q235A 代表屈服强度为 235N/mm^2，A 级，沸腾钢
C. 低合金高强度结构钢均为镇静钢或特殊镇静钢
D. 槽钢主要用于承受横向弯曲的杆件，但不宜单独用作轴心受压构件或双向弯曲的构件

6.【多选题】下列关于钢材的技术性能的说法中,正确的是( )。
A. 钢材最重要的使用性能是力学性能
B. 伸长率是衡量钢材塑性的一个重要指标,δ越大说明钢材的塑性越好
C. 常用的测定硬度的方法有布氏法和洛氏法
D. 钢材的工艺性能主要包括冷弯性能、焊接性能、冷拉性能、冷拔性能、冲击韧性等
E. 钢材可焊性的好坏,主要取决于钢的化学成分,含碳量高将增加焊接接头的硬脆性,含碳量小于0.2%的碳素钢具有良好的可焊性

7.【多选题】冷弯薄壁型钢可用于( )构件。
A. 桁架承重构件　　　　　　B. 千斤顶
C. 围护结构　　　　　　　　D. 龙骨
E. 屋面檩条

【答案】1. ×;2. √;3. ×;4. C;5. C;6. ABC;7. ACDE

考点 25:钢筋混凝土结构用钢材的品种及特性 ★●

> **教材点睛** 教材 P52-54

1. 钢筋混凝土结构用钢材:主要是由碳素结构钢和低合金结构钢轧制而成的各种钢筋。常用的是热轧钢筋、预应力混凝土用钢丝和钢绞线。

2. 热轧钢筋:分为光圆钢筋和带肋钢筋两大类。

(1) 热轧光圆钢筋:塑性及焊接性能很好,但强度较低,广泛用于钢筋混凝土结构的构造筋。

(2) 热轧带肋钢筋:延性、可焊性、机械连接性能和锚固性能均较好,且其400MPa、500MPa级钢筋的强度高,实际工程中主要用作结构构件中的受力主筋、箍筋等。

3. 预应力混凝土用钢丝

(1) 分类:按加工状态分为冷拉钢丝和消除应力钢丝两类。

(2) 优点:抗拉强度比钢筋混凝土用热轧光圆钢筋、热轧带肋钢筋高很多,在构件中采用预应力钢丝可节省钢材,减小构件截面和节省混凝土。

(3) 适用范围:主要用于桥梁、吊车梁、大跨度屋架和管桩等预应力钢筋混凝土构件中。

4. 钢绞线

(1) 预应力钢绞线按捻制结构分为五类。

(2) 优点:强度高、柔度好,质量稳定,与混凝土粘结力强,易于锚固,成盘供应不需接头等。

(3) 适用范围:大跨度、大负荷的桥梁、电杆、轨枕、屋架、大跨度吊车梁等结构的预应力筋。

> 巩固练习

1.【判断题】钢筋混凝土结构常用的是热轧钢筋、预应力混凝土用钢丝和钢绞线。
（　　）
2.【单选题】钢绞线的优点不包括（　　）。
A. 与混凝土粘结力强　　　　　　B. 柔度好
C. 强度高　　　　　　　　　　　D. 易于拆除
3.【单选题】热轧光圆钢筋广泛用于钢筋混凝土结构的（　　）。
A. 抗剪钢筋　　　　　　　　　　B. 弯起钢筋
C. 受力主筋　　　　　　　　　　D. 构造筋
4.【多选题】预应力钢丝主要用于（　　）等预应力钢筋混凝土构件中。
A. 基础底板　　　　　　　　　　B. 吊车梁
C. 桥梁　　　　　　　　　　　　D. 大跨度屋架
E. 管桩

【答案】1. √；2. D；3. D；4. BCDE

第六节　防水材料

考点 26：防水卷材的品种及特性 ★ ●

> **教材点睛**　教材 P54-57

1. 沥青防水卷材
（1）优点：质量轻，价格低廉，防水性能良好，施工方便，能适应一定的温度变化和基层伸缩变形。
（2）沥青防水卷材的品种有：石油沥青纸胎防水卷材、沥青玻璃纤维布油毡、沥青玻璃纤维胎油毡。

2. 高聚物改性沥青防水卷材
（1）高聚物改性沥青防水卷材的品种有：SBS 改性沥青防水卷材、APP 改性沥青防水卷材、铝箔塑胶改性沥青防水卷材、再生橡胶改性沥青防水卷材、聚氯乙烯（PVC）改性煤焦油防水卷材等。
（2）SBS 改性沥青防水卷材：具有较高的弹性、延伸率、耐疲劳性和低温柔性。其主要用于屋面及地下室防水，尤其适用于寒冷地区。可以冷法施工或热熔铺贴，适于单层铺设或复合使用。
（3）APP 改性沥青防水卷材：耐热性优异，耐水性、耐腐蚀性较好，低温柔性较好（但不及 SBS 卷材）。其适用于建筑屋面和地下防水工程、道路、桥梁等建筑物的防水，尤其适用于较高气温环境的建筑防水。

> **教材点睛** 教材 P54-57（续）
>
> （4）铝箔塑胶改性沥青防水卷材：对阳光的反射率高，具有一定的抗拉强度和延伸率，弹性好、低温柔性好，在 −20~80℃温度范围内适应性较强，抗老化能力强，具有装饰功能。该卷材适用于外露防水面层，并且价格较低，是一种中档的新型防水材料。
>
> **3. 合成高分子防水卷材**
>
> （1）三元乙丙（EPDM）橡胶防水卷材：质量轻，耐老化性好，弹性和抗拉伸性能极佳，对基层伸缩变形或开裂的适应性强，耐高低温性能优良，能在严寒和酷热环境中使用。可采用单层冷施工的防水做法，提高了工效，减少了环境污染，改善了劳动条件。其适用于防水要求高、耐用年限长的防水工程的屋面、地下建筑、桥梁、隧道等的防水。
>
> （2）聚氯乙烯（PVC）防水卷材：具有较高的拉伸和撕裂强度，延伸率较大，耐老化性能好，耐腐蚀性强，且其原料丰富，价格便宜，容易粘结。其适用于屋面、地下防水工程和防腐工程，单层或复合使用，可用冷粘法或热风焊接法施工。
>
> （3）氯化聚乙烯橡胶共混防水卷材：既具有氯化聚乙烯的高强度和优异的耐久性，又具有橡胶的高弹性和高延伸性以及良好的耐低温性能。其可用于各种建筑、道路、桥梁、水利工程的防水，尤其适用于寒冷地区或变形较大的屋面。

巩固练习

1. 【判断题】SBS 改性沥青防水卷材尤其适用于炎热地区的屋面及地下室防水。
   （ ）
2. 【单选题】下列关于沥青防水卷材的说法中，正确的是（   ）。
  A. 350 号和 500 号油毡适用于简易防水、临时性建筑防水、建筑防潮及包装等
  B. 沥青玻璃纤维布油毡适用于铺设地下防水、防腐层，并用于屋面作防水层及金属管道（热管道除外）的防腐保护层
  C. 玻纤胎油毡按上表面材料分为膜面、粉面、毛面和砂面四个品种
  D. 15 号玻纤胎油毡适用于屋面、地下、水利等工程的多层防水
3. 【单选题】下列关于合成高分子防水卷材的说法中，错误的是（   ）。
  A. 常用的合成高分子防水卷材，如三元乙丙橡胶防水卷材、聚氯乙烯防水卷材、氯化聚乙烯－橡胶共混防水卷材等
  B. 三元乙丙橡胶防水卷材是我国目前用量较大的一种卷材，适用于屋面、地下防水工程和防腐工程
  C. 三元乙丙橡胶防水卷材质量轻，耐老化性好，弹性和抗拉伸性能极佳，对基层伸缩变形或开裂的适应性强，耐高低温性能优良，能在严寒和酷热环境中使用
  D. 氯化聚乙烯－橡胶共混防水卷材价格相较于三元乙丙橡胶防水卷材低得多，属于中、高档防水材料，可用于各种建筑、道路、桥梁、水利工程的防水，尤其适用于寒冷地区或变形较大的屋面

4.【多选题】下列关于防水卷材的说法中,正确的是(　　)。
A. SBS 改性沥青防水卷材适用于工业与民用建筑的屋面和地下防水工程,以及道路、桥梁等建筑物的防水,尤其适用于较高气温环境的建筑防水
B. 根据构成防水膜层的主要原料,防水卷材可以分为沥青防水卷材、高聚物改性沥青防水卷材和合成高分子防水卷材三类
C. APP 改性沥青防水卷材主要用于屋面及地下室防水,尤其适用于寒冷地区
D. 铝箔塑胶改性沥青防水卷材在 −20~80℃范围内适应性较强,抗老化能力强,具有装饰功能
E. 三元乙丙橡胶防水卷材是目前国内外普遍采用的高档防水材料,用于防水要求高、耐用年限长的防水工程的屋面、地下建筑、桥梁、隧道等的防水

【答案】1. ×;2. B;3. B;4. BDE

考点 27:防水涂料的品种及特性 ★ ●

> **教材点睛** 教材 P57-58

1. 防水涂料的特点:整体防水性好,温度适应性强,操作方便,施工速度快,易于维修。

2. 沥青基防水涂料:适用于Ⅲ、Ⅳ级防水等级的工业与民用屋面、混凝土地下室和卫生间等的防水工程。

3. 高聚物改性沥青基防水涂料

(1)优点:柔韧性、抗裂性、拉伸强度、耐高低温性能、使用寿命等方面优于沥青基防水涂料。

(2)适用范围:适用于Ⅱ、Ⅲ、Ⅳ级防水等级的屋面、地面、混凝土地下室和卫生间等的防水工程。

(3)常用品种:再生橡胶沥青防水涂料、氯丁橡胶沥青防水涂料、丁基橡胶沥青防水涂料等。

4. 合成高分子防水涂料

(1)优点:具有高弹性、高耐久性及优良的耐高低温性能。

(2)适用范围:适用于Ⅰ、Ⅱ、Ⅲ级防水等级的屋面、地下室、水池和卫生间等的防水工程。

(3)常用品种:聚氨酯防水涂料、硅橡胶防水涂料、氯磺化聚乙烯橡胶防水涂料和丙烯酸酯防水涂料等。

> **巩固练习**

1.【判断题】沥青基防水涂料适用于Ⅲ、Ⅳ级防水等级的工业与民用屋面、混凝土地下室和卫生间等的防水工程。(　　)

2.【单选题】防水涂料的特点不包括（　　）。
A. 难于维修 B. 施工速度快
C. 操作方便 D. 整体防水性好

3.【单选题】合成高分子防水涂料常用品种不包括（　　）。
A. 再生橡胶沥青防水涂料 B. 丙烯酸酯防水涂料
C. 硅橡胶防水涂料 D. 聚氨酯防水涂料

4.【多选题】高聚物改性沥青基防水涂料常用品种有（　　）。
A. 高弹防水涂料 B. 丁基橡胶沥青防水涂料
C. 氯丁橡胶沥青防水涂料 D. JS防水涂料
E. 再生橡胶沥青防水涂料

【答案】1. √；2. A；3. A；4. BCE

第七节　建筑节能材料

考点28：建筑节能材料 ★ ●

> **教材点睛**　教材 P58-60

1. 建筑节能的范围和技术
（1）墙体、屋面、地面、隔热保温技术及产品。
（2）具有建筑节能效果的门、窗、幕墙、遮阳或其他附属部件。
（3）太阳能、地热（冷）和生物质能等在建筑节能工程中的应用技术及产品。
（4）提高供暖通风效能的节电体系与产品。
（5）供暖、通风与空气调节、空调与供暖系统的冷热源处理。
（6）利用工业废物生产的节能建筑材料或部件。
（7）配电与照明、监测与控制节能技术及产品。

2. 建筑绝热材料
（1）绝热材料的特点：表观密度小，多孔，疏松，导热系数小等。
（2）常用绝热材料：岩棉及其制品、矿渣棉及其制品、玻璃棉及其制品、膨胀珍珠岩及其制品、膨胀蛭石及其制品、泡沫塑料、微孔硅酸钙制品、泡沫石棉、铝箔波形纸保温隔热板。

3. 建筑节能墙体材料
（1）蒸压加气混凝土砌块：原材料大部分是工业废料，有利于保护环境和节约能源。蒸压加气混凝土砌块既能作保温材料又能作墙体材料。
（2）混凝土小型空心砌块：具有节能、节地的特点。其适用于工业及民用建筑的墙体。
（3）陶粒空心砌块：其骨料用膨化的陶粒代替，提高了砌块本身的保温性能，在节能建筑中被广泛使用。

> **教材点睛** 教材 P58-60（续）
>
> （4）多孔砖：具有较高的强度、抗腐蚀性、耐久性能，并具有表观密度小、保温性能好等特点。其一般用于工业与民用建筑6层及6层以下的墙体，但防潮层以下不能使用。
>
> **4. 节能门窗和节能玻璃**
> （1）主要节能门窗：PVC门窗、铝木复合门窗、铝塑复合门窗、玻璃钢门窗等。
> （2）主要节能玻璃：中空玻璃、真空玻璃和镀膜玻璃等。

巩固练习

1. 【判断题】建筑节能是指建筑材料生产、房屋建筑和构筑物施工及使用过程中，合理使用能源，尽可能降低能耗。（　　）

2. 【单选题】下列关于建筑绝热材料的说法中，正确的是（　　）。
A. 岩棉、矿渣棉、玻璃棉、膨胀珍珠岩、陶粒空心砌块均属于绝热材料
B. 岩棉制品具有良好的保温、隔热、吸声、耐热和不燃等性能及良好的化学稳定性，广泛用于有保温、隔热、隔声要求的房屋建筑、管道、储罐、锅炉等有关部位
C. 矿渣棉可用于工业与民用建筑工程、管道、锅炉等有保温、隔热、隔声要求的部位
D. 泡沫石棉适用于房屋建筑的保温、隔热、绝冷、吸声、防振等有关部位，以及各种热力管道、热工设备、冷冻设备等

3. 【单选题】不属于建筑绝热材料特点的是（　　）。
A. 表观密度小　　　　　　　　　B. 导热系数小
C. 多孔　　　　　　　　　　　　D. 刚度大

4. 【多选题】下列各选项中，目前（　　）是应用于节能建筑的新型墙体材料。
A. 蒸压加气混凝土砌块　　　　　B. 陶粒空心砌块
C. 空心砖　　　　　　　　　　　D. 混凝土小型空心砌块
E. 多孔砖

5. 【多选题】下列关于节能门窗和节能玻璃的说法中，正确的是（　　）。
A. 目前我国市场主要的节能门窗有PVC门窗、铝木复合门窗、铝塑复合门窗、玻璃钢门窗等
B. 就门窗而言，对节能性能影响最大的是选用的类型
C. 国内外研究并推广应用的节能玻璃主要有中空玻璃、真空玻璃、镀膜玻璃和有机玻璃等
D. 真空玻璃的节能性能优于中空玻璃
E. 热反射镀膜玻璃的使用可大量节约能源，有效降低空调的运营费用，还具有装饰效果，可防眩、单面透视并提高舒适度

【答案】1. √；2. D；3. D；4. ABDE；5. ADE

第三章 建筑工程识图

第一节 施工图的基本知识

考点 29：房屋建筑施工图的组成及作用 ★ ●

> **教材点睛** 教材 P61-62
>
> **1. 建筑施工图的组成及作用**
> （1）建筑施工图的组成：建筑设计说明、建筑总平面图、建筑平面图、建筑立面图、建筑剖面图及建筑详图等。
> （2）建造房屋时，建筑施工图主要作为定位放线、砌筑墙体、安装门窗、装修的依据。
> （3）各图样的作用
> 1）建筑设计说明：主要说明装修做法和门窗的类型、数量、规格、采用的标准图集等情况。
> 2）建筑总平面图（总图）：用以表达建筑物的地理位置和周围环境，是新建房屋及构筑物施工定位，规划设计水、暖、电等专业工程总平面图及施工总平面图设计的依据。
> 3）建筑平面图：主要用来表达房屋平面布置的情况，是施工备料、放线、砌墙、安装门窗及编制概预算的依据。
> 4）建筑立面图：用来表达房屋的外部造型、门窗位置及形式、外墙面装修、阳台、雨篷等部分的材料和做法等，其在施工中是外墙面造型、外墙面装修、工程概预算、备料等的依据。
> 5）建筑剖面图：用来表达房屋内部垂直方向的高度、楼层分层情况及简要的结构形式和构造方式，是施工、编制概预算及备料的重要依据。
> 6）建筑详图：用来表达建筑物体的细部构造。
> **2. 结构施工图的组成及作用**
> （1）结构施工图的组成：结构设计说明、结构平面布置图和结构详图三部分。
> （2）结构施工图的作用：用以表示房屋骨架系统的结构类型、构件布置、构件种类、数量、构件的内部构造和外部形状、大小，以及构件间的连接构造；是结构施工的依据。
> （3）结构设计说明：主要针对图形不容易表达的内容，利用文字或表格加以说明。
> （4）结构平面布置图：是表示房屋中各承重构件总体平面布置的图样。
> （5）结构详图：是为了清楚地表示某些重要构件的结构做法。
> **3. 设备施工图的作用**：表达给水排水、供电照明、供暖通风、空调、燃气等设备的布置和施工要求等。

考点 30：房屋建筑施工图图示特点及制图标准规定●

> **教材点睛** 教材 P62–67
>
> **1. 房屋建筑施工图图示特点**
> （1）施工图中的各图样用正投影法绘制。
> （2）施工图绘制比例较小，对于需要表达清楚的节点、剖面等部位，则应采用较大比例进行绘制。
> （3）建筑构配件、卫生设备、建筑材料等图例采用统一的国家标准标注。
> **2. 制图标准相关规定**
> （1）常用建筑材料图例【详见 P63 表 3-1】
> （2）建筑专业制图、建筑结构专业制图的图线【详见 P64-65 表 3-2】
> （3）尺寸标注形式【详见 P65-66 表 3-3】
> （4）标高
> 1）建筑施工图中的标高采用相对标高，以建筑物地上部分首层室内地面作为相对标高的 ±0.000 点。地上部分标高为正数，地下部分标高为负数。
> 2）标高单位除建筑总平面图以"米"为单位外，其余一律以"毫米"为单位。
> 3）建筑施工图中的标高数字表示其完成面的数值。

巩固练习

1.【判断题】房屋建筑施工图是工程设计阶段的最终成果，同时也是工程施工、监理和工程造价的主要依据。　　　　　　　　　　　　　　　　　　　　　　（　　）
2.【判断题】结构平面布置图是为了清楚地表示某些重要构件的结构做法。（　　）
3.【单选题】按照内容和作用不同，下列不属于房屋建筑施工图的是（　　）。
    A. 建筑施工图　　　　　　　　　B. 结构施工图
    C. 设备施工图　　　　　　　　　D. 系统施工图
4.【单选题】下列关于建筑施工图的作用的说法中，不正确的是（　　）。
    A. 是新建房屋及构筑物施工定位、规划设计水、暖、电等专业工程总平面图及施工总平面图设计的依据
    B. 建筑平面图主要用来表达房屋平面布置情况，是施工备料、放线、砌墙、安装门窗及编制概预算的依据
    C. 建造房屋时，建筑施工图主要作为定位放线、砌筑墙体、安装门窗、装修的依据
    D. 建筑剖面图是施工、编制概预算及备料的重要依据
5.【单选题】下列关于结构施工图的作用的说法中，不正确的是（　　）。
    A. 结构施工图是施工放线、开挖基坑（槽）、施工承重构件（如梁、板、柱、墙、基础、楼梯等）的主要依据
    B. 结构立面布置图是表示房屋中各承重构件总体立面布置的图样

C. 结构设计说明是带全局性的文字说明

D. 结构详图一般包括梁、柱、板及基础结构详图,楼梯结构详图,屋架结构详图等

6. 【单选题】下列各项中,不属于设备施工图的是(　　)。

A. 给水排水施工图　　　　　　　B. 供暖通风与空调施工图

C. 基础详图　　　　　　　　　　D. 电气设备施工图

7. 【单选题】下列不是建筑立面图表达的是(　　)。

A. 建筑物的地理位置和周围环境　B. 门窗位置及形式

C. 外墙面装修做法　　　　　　　D. 房屋的外部造型

8. 【单选题】下列作为定位放线、砌筑墙体、安装门窗、装修的依据的是(　　)。

A. 设备施工图　　　　　　　　　B. 建筑施工图

C. 结构平面布置图　　　　　　　D. 结构施工图

9. 【多选题】下列关于建筑制图的线型及其应用的说法中,正确的是(　　)。

A. 平、剖面图中被剖切的主要建筑构造(包括构配件)的轮廓线用粗实线绘制

B. 建筑平、立、剖面图中的建筑构配件的轮廓线用中粗实线绘制

C. 建筑立面图或室内立面图的外轮廓线用中粗实线绘制

D. 拟建、扩建建筑物轮廓用中粗虚线绘制

E. 预应力钢筋线在建筑结构中用粗单点长画线绘制

【答案】1. √;2. ×;3. D;4. A;5. B;6. C;7. A;8. B;9. ABD

第二节　施工图的图示方法及内容

考点 31:建筑施工图的图示方法及内容 ★ ●

> **教材点睛** 教材 P67-75
>
> **1. 建筑总平面图**
>
> (1)建筑总平面图的图示方法:新建房屋所在地域的一定范围内的水平投影图。
>
> (2)总平面图的图示主要内容及作用
>
> 1)新建建筑物的定位:①按原有建筑物或原有道路定位;②按测量坐标或建筑坐标定位。
>
> 2)标高:在总平面图中,标高以"米"为单位,并保留至小数点后两位。
>
> 3)指北针或风玫瑰图:用来确定新建房屋的朝向。
>
> 4)建筑红线:是各地方自然资源部门提供给建设单位的土地使用范围,任何建筑物在设计和施工中均不能超过此线。
>
> **2. 建筑平面图**
>
> (1)建筑平面图的图示方法:相当于建筑物的水平剖面图,反映建筑物内各层的布置情况;被剖切到的墙、柱断面轮廓线用粗实线画出,其余可见的轮廓线用中实线

> **教材点睛** 教材 P67–75（续）
>
> 或细实线绘制，尺寸标注和标高符号均用细实线绘制，定位轴线用细单点长画线绘制。砖墙一般不画图例，钢筋混凝土的柱和墙的断面通常涂黑表示。
>
> （2）建筑平面图的图示内容【详见P70】
>
> **3. 建筑立面图**
>
> （1）建筑立面图的图示方法：建筑物主要外墙面的正投影图（立面图），一般按朝向＋立面图两端轴线编号命名；立面图的最外轮廓线为粗实线；建筑构件及门窗轮廓线用中粗实线画出；其余轮廓线均为细实线；地坪线为加粗实线。
>
> （2）建筑立面图的图示内容【详见P71】
>
> **4. 建筑剖面图**
>
> （1）建筑剖面图的图示方法：相当于建筑物的竖向剖面图，反映建筑物高度方向的结构形式；被剖切到的墙、板、梁等构件断面轮廓线用粗实线表示；没有被剖切到的轮廓线用细实线表示。
>
> （2）建筑剖面图的图示内容【详见P72-73】
>
> **5. 需要绘制建筑详图的部位**：内外墙节点、楼梯、电梯、厨房、卫生间、门窗、室内外装饰等。

巩固练习

1.【判断题】建筑总平面图是将拟建工程一定范围内的新建、拟建、原有和将拆除的建筑物、构筑物连同其周围的地形地物状况，用正投影方法画出的图样。（　　）

2.【判断题】建筑平面图中凡是被剖切到的墙、柱断面轮廓线用粗实线画出，其余可见的轮廓线用中实线或细实线，尺寸标注和标高符号均用细实线，定位轴线用细单点长画线绘制。（　　）

3.【单选题】下列关于建筑总平面图图示内容的说法中，正确的是（　　）。
A. 新建建筑物的定位一般采用两种方法：一是按原有建筑物或原有道路定位；二是按坐标定位
B. 在总平面图中，标高以"米"为单位，并保留至小数点后三位
C. 新建房屋所在地区风向情况的示意图即为风玫瑰图，风玫瑰图不可用于表明房屋和地物的朝向情况
D. 临时建筑物在设计和施工中可以超过建筑红线

4.【单选题】下列关于建筑剖面图和建筑详图基本规定的说法中，错误的是（　　）。
A. 剖面图一般表示房屋在高度方向的结构形式
B. 建筑剖面图中高度方向的尺寸包括总尺寸、内部尺寸和细部尺寸
C. 建筑剖面图中不能详细表示清楚的部位应引出索引符号，另用详图表示
D. 需要绘制详图或局部平面放大位置包括内外墙节点、楼梯、电梯、厨房、卫生间、门窗、室内外装饰等

5.【单选题】建筑总平面图的主要内容不包括（　　）。
A. 新建建筑物的定位　　　　　　　B. 标高
C. 指北针或风玫瑰图　　　　　　　D. 外墙节点

6.【多选题】下列有关建筑平面图的图示内容的表述中，不正确的是（　　）。
A. 定位轴线的编号宜标注在图样的下方与右侧，横向编号应用阿拉伯数字，从左至右顺序编写；竖向编号应用大写拉丁字母，从上至下顺序编写
B. 对于隐蔽的或者在剖切面以上部位的内容，应用虚线表示
C. 建筑平面图上的外部尺寸在水平方向和竖直方向各标注三道尺寸
D. 在平面图上所标注的标高均应为绝对标高
E. 屋面平面图的一般内容有女儿墙、檐沟、屋面坡度、分水线与落水口、变形缝、楼梯间、水箱间、天窗、上人孔、消防梯以及其他构筑物、索引符号等

【答案】1. ×；2. √；3. A；4. B；5. D；6. AD

考点32：结构施工图的图示方法及内容 ★●

> **教材点睛**　教材 P75-94
>
> **1. 结构施工图的组成**：包括结构设计说明、基础图、结构平面布置图、结构详图等图样。
> （1）结构设计说明：包括设计依据，工程概况，自然条件，选用材料的类型、规格、强度等级，构造要求，施工注意事项，选用的标准图集等。
> （2）基础图：是建筑物正负零标高以下的结构图，包括基础平面图和基础详图，它是施工放线、开挖基槽（坑）、基础施工、计算基础工程量的依据。
> （3）结构平面布置图：主要表示结构构件的位置、数量、型号及相互关系。
> （4）结构详图：主要用作构件制作、安装的依据，包括梁、板、柱等构件详图，楼梯详图，屋架详图，模板、支撑、预埋件详图以及构件标准图等。
>
> **2. 结构平面布置图**
> 结构平面布置图的图示方法：相当于建筑物结构的水平剖面图，主要表示各楼层结构构件的平面布置情况，以及构件的构造、配筋情况及构件之间的结构关系。对于承重构件布置相同的楼层，可统一绘制标准层结构平面布置图。
>
> **3. 钢结构施工图的图例及标注方法**
> 焊缝符号：由基本符号、引出线和辅助符号组成。
> （1）基本符号：表示焊缝横截面的基本形式。"∠"表示角焊缝；"‖"表示Ⅰ形坡口的对接焊缝；"V"表示V形坡口的对接焊缝等。
> （2）引出线：由箭头线和横线组成。箭头指向焊缝的位置；图形符号和尺寸标注根据焊缝形式，标注在横线的上方或下方。
>
> **4. 混凝土结构平法施工图的制图规则**
> （1）混凝土结构平法施工图的特点：是将结构构件的尺寸和配筋，按照平面整体

> **教材点睛** 教材 P75-94（续）
>
> 表示方法制图规则，整体直接表达在结构平面布置图上，再与标准构造详图配合，构成一套新型完整的结构设计图纸。
> （2）混凝土结构平法施工图的国家建筑标准设计图集为《混凝土结构施工图平面整体表示方法制图规则和构造详图》G101系列图集，现行版本为22G101。
> （3）独立基础、柱、梁、有梁楼板和板式楼梯平法施工图的制图规则【详见P84-94】

巩固练习

1.【判断题】焊缝标注时，引出线由箭头线和横线组成。当箭头指向焊缝的一面时，应将图形符号和尺寸标注在横线的上方；当箭头指向焊缝所在的另一面时，应将图形符号和尺寸标注在横线的下方。（　　）

2.【判断题】混凝土结构施工图平面整体设计方法是将结构构件的尺寸和配筋，按照平面整体表示方法制图规则，整体直接表达在结构平面布置图上，再与标准构造详图配合，即构成一套新型完整的结构设计图纸。（　　）

3.【判断题】平面注写方式包括集中标注与原位标注两部分，集中标注表达梁的特殊数值，原位标注表达梁的通用数值。（　　）

4.【单选题】下列关于基础图的图示方法及内容基本规定的说法中，错误的是（　　）。
A. 基础平面图中的定位轴线网格与建筑平面图中的轴线网格完全相同
B. 在基础平面图中，只画出基础墙、柱及基础底面的轮廓线，基础的细部轮廓线可省略不画
C. 基础平面图的尺寸标注分为外部尺寸、内部尺寸和细部尺寸
D. 采用复合地基时，应绘出复合地基处理范围和深度，置换桩的平面布置及其材料和性能要求、构造详图

5.【单选题】下列关于楼梯结构施工图基本规定的说法中，错误的是（　　）。
A. 楼梯结构平面图应直接绘制出休息平台板的配筋
B. 楼梯结构施工图包括楼梯结构平面图、楼梯结构剖面图和构件详图
C. 钢筋混凝土楼梯的可见轮廓线用细实线表示，不可见轮廓线用细虚线表示
D. 当楼梯结构剖面图比例较大时，也可直接在楼梯结构剖面图上表示梯段板的配筋

6.【单选题】下列关于焊缝符号及标注方法基本规定的说法中，错误的是（　　）。
A. 双面焊缝在横线的上、下均应标注符号和尺寸；当两面的焊缝尺寸相同时，只需在横线上方标注尺寸
B. 在引出线的转折处绘2/3圆弧表示相同焊缝
C. 当焊缝分布不均匀时，在标注焊缝符号的同时，宜在焊缝处加中粗实线或加细栅线
D. 同一张图有数种相同焊缝时，可将焊缝分类编号标注。同一类焊缝中，可选一处标注焊缝符号和尺寸

7.【单选题】下列关于独立基础平法施工图的制图规定的说法中,错误的是( )。
A. 独立基础平法施工图,有平面注写与截面注写两种表达方式
B. 独立基础的平面注写方式,分为集中标注和分类标注两部分内容
C. 基础编号、截面竖向尺寸、配筋三项为集中标注的必注内容
D. 独立基础的截面注写方式,可分为截面标注和列表注写两种表达方式

8.【多选题】下列关于结构平面布置图基本规定的说法中,错误的是( )。
A. 对于承重构件布置相同的楼层,只画出一个结构平面布置图,称为标准层结构平面布置图
B. 对于现浇楼板,可以在平面布置图上标出板的名称,必须另外绘制板的配筋图
C. 结构布置图中钢筋混凝土楼板的表达方式,包括预制楼板的表达方式和现浇楼板的表达方式
D. 现浇板必要时,尚应在平面图中表示施工后浇带的位置及宽度
E. 采用预制板时注明预制板的跨度方向、板号、数量及板底标高即可

9.【多选题】下列关于现浇混凝土有梁楼盖板标注的说法中,正确的是( )。
A. 板面标高高差是指相对于结构层梁顶面标高的高差,将其注写在括号内,无高差时不标注
B. 板厚注写为 $h=×××$(为垂直于板面的厚度);当悬挑板的端部改变截面厚度时,用斜线分隔根部与端部的高度值,注写为 $h=×××/×××$
C. 板支座上部非贯通筋自支座中线向跨内的延伸长度,注写在线段的下方
D. 板支座原位标注的内容为板支座上部非贯通纵筋和悬挑板上部受力钢筋
E. 贯通全跨或延伸至全悬挑一侧的长度值和非贯通筋另一侧的延伸长度值均需注明

【答案】1. √;2. √;3. ×;4. C;5. A;6. B;7. B;8. BE;9. BCD

第三节 施工图的绘制与识读

考点33:施工图绘制与识读 ★

> **教材点睛** 教材 P94-96
>
> **1. 施工图纸绘制步骤**
> (1)确定绘制图样的数量
> (2)选择合适的比例
> (3)进行合理的图面布置
> (4)绘制图样
> 1)绘制建筑施工图时,按平面图→立面图→剖面图→详图的顺序进行。
> 2)绘制结构施工图时,按基础平面图→基础详图→结构平面布置图→结构详图的顺序进行。

教材点睛 教材 P94-96（续）

2. 房屋建筑施工图识读的步骤与方法

（1）施工图识读方法

1）总揽全局：首先阅读建筑施工图，建立起建筑物的轮廓概念；其次阅读结构施工图目录，对图样数量和类型做到心中有数；再次阅读结构设计说明，了解工程概况及所采用的标准图等；最后粗读结构平面图，了解构件类型、数量和位置。

2）循序渐进：根据投影关系、构造特点和图纸顺序，从前往后、从上往下、从左往右、由外向内、由大到小、由粗到细反复阅读。

3）相互对照：识读施工图时，应当图样与说明对照看，建施图、结施图、设施图对照看，基本图与详图对照看。

4）重点细读：以不同工种身份，有重点地细读施工图，掌握施工必需的重要信息。

（2）施工图识读步骤

阅读图纸目录→阅读设计总说明→通读图纸→精读图纸。

巩固练习

1.【判断题】施工图绘制总的规律是：先整体、后局部，先骨架、后细部，先底稿、后加深，先画图、后标注。（　　）

2.【判断题】在柱平法施工图绘制中，当纵筋采用两种直径时，须再注写截面各边中部筋的具体数值；对称配筋的矩形截面柱，可只在一侧注写中部筋。（　　）

3.【单选题】下列关于施工图识读方法的说法，正确的是（　　）。

A. 先阅读结构施工图目录

B. 先阅读结构设计说明

C. 先粗读结构平面图，了解构件类型、数量和位置

D. 先阅读建筑施工图

4.【多选题】下列关于施工图绘制基本规定的说法中，错误的是（　　）。

A. 绘制建筑施工图的一般步骤：平面图→立面图→剖面图→详图

B. 绘制结构施工图的一般步骤：基础平面图→基础详图→结构平面布置图→结构详图

C. 结构平面图用中实线表示剖切到或可见构件轮廓线，用中虚线表示不可见构件轮廓线，门窗洞也需画出

D. 在结构平面图中，不同规格的分布筋也应画出

E. 建筑立面图应从平面图中引出立面的长度，从剖面图中量出立面的高度及各部位的相应位置

【答案】1. √；2. √；3. D；4. CD

第四章 建筑施工技术

第一节 地基与基础工程

考点34：常用地基处理方法★

> **教材点睛** 教材P98
>
> **1. 常用的地基处理方法**：换土垫层法、重锤表层夯实、强夯、振冲、砂桩挤密、深层搅拌、堆载预压、化学加固等方法。
> **2. 换土垫层法**：适用于地下水位较低、基槽经常处于较干燥状态下的一般黏性土地基的加固。换土材料有灰土、砂和砂石混合料（天然级配砂石）三种。
> **3. 夯实地基法**：常用方法有重锤夯实法和强夯法。
> **4. 挤密桩施工法**：常用方法有灰土挤密桩、砂石桩、水泥粉煤灰碎石桩。
> **5. 深层密实法**：常用方法有振冲桩、深层搅拌法。
> **6. 预压法**：适用于处理深厚软土和冲填土地基。

考点35：基坑（槽）开挖、支护及回填方法★

> **教材点睛** 教材P99-102
>
> **1. 基坑（槽）开挖**
> （1）施工工艺流程：测量放线→切线分层开挖→排水、降水→修坡→平整→验槽。
> （2）施工要点
> 1）在地下水位以下挖土时，应在基坑（槽）四周挖好临时排水沟和集水井，或采用井点降水，将水位降低至坑（槽）底以下500mm，方可开挖。
> 2）基坑（槽）开挖时，应对平面控制桩、水准点、基坑（槽）平面位置、水平标高、边坡坡度等经常复测检查。
> 3）采用机械开挖基坑（槽）时，为避免地基扰动，在基底标高以上预留15~30cm厚土层由人工挖掘修整。
> 4）基坑（槽）挖完后进行验槽，当发现地基土质与地质勘探报告不符时，应及时与有关人员研究处理。
> **2. 深基坑土方开挖方案**
> （1）中心岛（墩）式挖土
> 1）适用范围：用于大型基坑、支护结构的支撑中间具有较大空间的情况。

> 教材点睛　教材 P99-102（续）

2）施工流程：测量放线→开挖第一层土→施工第一层支撑并搭设运土栈桥→开挖第二层土→施工第二层支撑（以此类推）→挖除中心墩→将全部挖土机械吊出基坑退场。

（2）盆式挖土施工流程：测量放线→施工围护墙→开挖基坑中间部分的土，周围四边留土坡→开挖四边土坡→将全部挖土机械吊出基坑退场。

3. 基坑支护施工方法

（1）护坡桩施工

1）护坡桩支护结构常用方法：钢板桩支护、H型钢（工字钢）桩加挡板支护、灌注桩排桩支护等。

2）钢板桩支护：具有施工速度快、可重复使用的特点。常用材料有U型、Z型、直腹板式、H型和组合式钢板桩。常用施工机械有自由落锤、气动锤、柴油锤、振动锤。

3）护坡桩加内支撑支护：对深度较大、面积不大、地基土质较差的基坑，可在基坑内沿围护排桩，竖向设置一定支承点组成内支撑式基坑支护体系，提高侧向刚度，减少变形。

（2）土钉墙支护

1）工艺特点：施工操作简便，设备简单，噪声小，工期短，费用低。

2）适用范围：地下水位低于土坡开挖层或经过人工降水以后使地下水位低于土坡开挖层的人工填土、黏性土和微黏性砂土，开挖深度不超过5m，土钉墙墙面坡度不应大于1:0.1。

（3）水泥土桩墙施工：将地基软土和水泥强制搅拌形成水泥土，利用水泥和软土之间产生的物理化学反应，使软土硬化成整体性的并有一定强度的挡土、防渗墙。

（4）地下连续墙施工

1）施工工艺：用特制的挖槽机械，在泥浆护壁下开挖一个单元槽段的沟槽，清底后放入钢筋笼，用导管浇筑混凝土至设计标高，如此逐段施工，用特制的接头将各段连接起来，形成连续的钢筋混凝土墙体。

2）地下连续墙可用作支护结构，同时还可用作建筑物的承重结构。

4. 基坑排水与降水

（1）地面水排除

1）目的：防止地面水流入基坑。

2）方法：设置排水沟、截水沟、挡水土坝等；排水沟横断面不应小于0.5m×0.5m，纵坡不应小于2‰。

（2）基坑排水

1）目的：排除基坑内的地下渗水及雨水。

2）方法：明沟排水；基坑四周的排水沟及集水井必须设置在基础范围以外。

（3）基坑降水

1）当地下水位高于基底标高时，基坑开挖前需进行降水作业。

2）降水方法：轻型井点、喷射井点、电渗井点、管井井点及深井泵等。

> **教材点睛** 教材 P99–102（续）
>
> **5. 土方回填压实**
> （1）施工工艺流程：填方土料处理→基底处理→分层回填压实→回填土试验检验合格后继续回填。
> （2）施工要点
> 1）土料要求与含水量控制：常用土料有符合压实要求的黏性土、碎石类土、砂土和爆破石渣，淤泥和淤泥质土不能用作填料。土料含水量一般以手握成团、落地开花为宜。
> 2）基底处理：清除基底上垃圾、草皮、树根，排除坑穴中积水、淤泥和杂物。
> 3）回填土压实操作：采用分层铺填。
> 4）填土的压实密实度：采用环刀取样试验，以符合设计要求为准。

巩固练习

1. 【判断题】普通土的现场鉴别方法为挖掘。（   ）
2. 【判断题】坚石和特坚石的现场鉴别方法都可以用爆破方法。（   ）
3. 【判断题】基坑开挖工艺流程：测量放线→分层开挖→排水降水→修坡→留足预留土层→整平。（   ）
4. 【判断题】放坡开挖是最经济的挖土方案，当基坑开挖深度不大（软土地基挖深不超过4m，地下水位低，土质较好地区）周围环境又允许时，均可采用放坡开挖；放坡坡度按经验确定即可。（   ）
5. 【判断题】主排水沟最好设置在施工区域的边缘或道路的两旁，一般排水沟的横断面不应小于 0.5m×0.5m，纵坡不应小于 2‰。（   ）
6. 【判断题】土方回填压实的施工工艺流程：填方土料处理→基底处理→分层回填压实→对每层回填土的质量进行检验→符合设计要求后，填筑上一层。（   ）
7. 【单选题】下列土的工程分类，除（   ）之外，均为岩石。
   A. 软石   B. 砂砾坚土
   C. 坚石   D. 软石
8. 【单选题】下列关于基坑（槽）开挖施工工艺的说法中，正确的是（   ）。
   A. 采用机械开挖基坑（槽）时，为避免破坏基底土，应在标高以上预留 15～50cm 的土层由人工挖掘修整
   B. 基坑（槽）四侧或两侧挖好临时排水沟和集水井，或采用井点降水，将水位降低至坑（槽）底以下 500mm
   C. 雨期施工时，基坑（槽）需全段开挖，尽快完成
   D. 当基坑（槽）挖好后不能立即进行下道工序时，应预留 30cm 的土不挖，待下道工序开始再挖至设计标高
9. 【单选题】下列各项中不属于深基坑土方开挖方案的是（   ）。
   A. 放坡挖土   B. 中心岛（墩）式挖土

C. 箱式挖土 D. 盆式挖土

10. 【单选题】下列各项中不属于基坑排水与降水的是（　　）。
A. 地面水排除 B. 基坑截水
C. 基坑排水 D. 基坑降水

11. 【单选题】下列关于土方回填压实的基本规定中，错误的是（　　）。
A. 对有密实度要求的填方，在压实之后，对每层回填土一般采用环刀法（或灌砂法）取样测定
B. 基坑和室内填土，每层按 20~50m² 取样一组
C. 场地平整填方，每层按 400~900m³ 取样一组
D. 填方结束后应检查标高、边坡坡度、压实程度等

12. 【多选题】下列关于常用人工地基处理方法的基本规定中，正确的是（　　）。
A. 砂石桩适用于挤密松散砂土、素填土和杂填土等地基
B. 振冲桩适用于加固松散的素填土、杂填土地基
C. 强夯法适用于高于地下水位 0.8m 以上稍湿的黏性土、砂土、湿陷性黄土等地基的加固处理
D. 砂井堆载预压法适用于处理深厚软土和冲填土地基，对泥炭等有机质沉积地基同样适用
E. 砂井堆载预压法多用于处理机场跑道、水工结构、道路、路堤、码头、岸坡等工程地基

13. 【多选题】下列关于土方回填压实的基本规定中，正确的是（　　）。
A. 碎石类土、砂土和爆破石渣（粒径不大于每层铺土后的 2/3）可作各层填料
B. 人工填土每层虚铺厚度，用人工木夯夯实时不大于 25cm，用打夯机械夯实时不大于 30cm
C. 铺土应分层进行，每次铺土厚度不大于 30~50cm（视所用压实机械的要求而定）
D. 当填方基底为耕植土或松土时，应将基底充分夯实和碾压密实
E. 机械填土时一般尽量采取横向或纵向分层卸土，以利于行驶时初步压实

【答案】1. √；2. √；3. ×；4. ×；5. √；6. √；7. B；8. B；9. C；10. B；11. B；12. AE；13. CDE

考点 36：混凝土基础施工 ★

> **教材点睛** 教材 P102-103
>
> **1. 混凝土基础施工工艺流程**
> 测量放线→基坑开挖、验槽→混凝土垫层施工→钢筋绑扎→支基础模板→浇基础混凝土。
>
> **2. 钢筋混凝土扩展基础（独立基础、条形基础）施工要点**
> （1）基坑验槽完成后，应尽快进行垫层混凝土施工，以保护地基。

> **教材点睛** 教材 P102—103（续）
>
> （2）先支模后绑扎钢筋，模板支设要求牢固，无缝隙。
>
> （3）钢筋绑扎完成后，做好隐蔽验收工作。
>
> （4）混凝土浇筑前，模板内的垃圾、杂物应清除干净；木模板应浇水湿润。
>
> （5）混凝土宜分段分层浇筑，每层厚度不超过500mm，各段各层间应互相衔接长度2~3m，逐段逐层呈阶梯形推进；混凝土应连续浇筑，以保证结构良好的整体性。
>
> **3. 筏形基础（梁板式、平板式）、箱形基础施工要点**
>
> （1）当基坑开挖危及邻近建（构）筑物、道路及地下管线的安全与使用时，开挖也应采取支护措施。
>
> （2）基础长度超过40m时，宜设置施工缝，缝宽不宜小于80cm。在施工缝处，钢筋必须贯通。
>
> （3）基础混凝土应采用同一品种水泥、掺合料、外加剂和同一配合比。

巩固练习

1.【判断题】钢筋混凝土扩展基础施工工艺流程：测量放线→基坑开挖、验槽→混凝土垫层施工→支基础模板→钢筋绑扎→浇基础混凝土。（　　）

2.【单选题】下列关于钢筋混凝土扩展基础混凝土浇筑的基本规定中，错误的是（　　）。

A. 混凝土宜分段分层浇筑，每层厚度不超过500mm

B. 混凝土自高处倾落时，如高度超过3m，应设料斗、漏斗、串筒、斜槽、溜管，防止混凝土产生分层离析

C. 各层各段间应相互衔接，每段长2~3m，使逐段逐层呈阶梯形推进

D. 混凝土应连续浇筑，以保证结构良好的整体性

3.【多选题】下列关于筏形基础的基本规定中，正确的是（　　）。

A. 筏形基础分为梁板式和平板式两种类型，梁板式又分为正向梁板式和反向梁板式

B. 施工工艺流程：测量放线→基坑支护→排水、降水（或隔水）→基坑开挖、验槽→混凝土垫层施工→支基础模板→钢筋绑扎→浇基础混凝土

C. 回填应由两侧向中间进行，并分层夯实

D. 当采用机械开挖时，应保留200~300mm土层由人工挖除

E. 基础长度超过40m时，宜设置施工缝，缝宽不宜小于80cm

【答案】1. ×；2. B；3. ADE

考点 37：砖、石基础施工

教材点睛 教材 P103-105

1. 砖基础施工要点
（1）在垫层转角、交接及高低踏步处预先立好基础皮数杆，控制基础的砌筑高度。
（2）大放脚的最下一皮和每个台阶的上面一皮应以丁砖为主。
（3）有高低台的砖基础，应从低台砌起，并由高台向低台搭接，搭接长度不小于基础大放脚的高度。
（4）宽度超过 500mm 的洞口上方应砌筑平拱或设置过梁。
（5）抹防潮层前应将基础墙顶面清扫干净，浇水湿润。

2. 石基础施工要点
（1）毛石的强度等级不低于 MU20。砂浆一般采用水泥砂浆或水泥石灰砂浆。
（2）毛石基础的顶面两边各宽出墙厚 100mm，每级台阶的高度一般为 300～400mm，每阶内至少砌两皮毛石。上级台阶的最外边毛石至少压砌下面毛石的一半以上。有高低台的毛石基础，从低处启砌，高台向低台搭接，搭接长度不小于基础高度。
（3）砌筑基础时应先在墙角处盘角，缝隙和上部凹坑用小石块或碎石和砂浆填塞平稳严实。
（4）毛石基础最上一皮、转角处、交接处和洞口等处，宜选用较大的平毛石砌筑。大面朝下坐浆，先砌里、外石，后砌中间石。
（5）毛石砌体的灰缝厚度宜为 20～30mm，砂浆要饱满，上下皮错缝砌筑；石块间较大的空隙先布砂浆，再用碎石块嵌实。
（6）基础砌筑每天砌筑高度不应超过 1.2m。

考点 38：桩基础施工★

教材点睛 教材 P105-106

1. 预制桩施工
（1）常见的预制桩类型：钢筋混凝土预制桩、预应力管桩、钢管桩和 H 型桩及其他异型钢桩。
（2）施工方法：打入式和静力压桩式两种。
（3）静力压桩的特点：施工无噪声、无振动、无污染。
（4）适用范围：特别适合在建筑稠密及危房附近、环境保护要求严格的地区沉桩，不宜用于地下有较多孤石、障碍物或有 4m 以上硬隔离层的情况。
（5）施工工艺流程：测量放线→桩机就位→吊桩→插桩→桩身对中调直→静压沉桩→接桩、送桩→再静压沉桩→达到设计标高后，切割桩头。

> **教材点睛** 教材 P105-106（续）
>
> （6）施工要点
> 1）依据设计要求测量放线确定桩位。
> 2）插桩、接桩时要注意对中，并保证桩身稳定、牢固。
> 3）送桩时可不采用送桩器，送桩深度不宜超过 8m。
> 4）压桩时应连续进行。施工过程中要认真记录桩入土深度和压力表读数，当压力表读数发生异常时，应停机分析原因。
> 5）切割桩头时需注意不能让桩身受到损坏。
>
> **2. 钻、挖、冲孔灌注桩施工**
> （1）施工工艺流程：测量放线→开挖泥浆池及浆沟→护筒埋设→钻机就位对中→成孔、泥浆护壁清渣→清孔换浆→验收终孔→下钢筋笼和钢导管→灌浆→成桩养护。
> （2）施工要点
> 1）钻（冲）孔时，应随时测定和控制泥浆密度，对于较好的黏土层，可采用自成泥浆护壁。
> 2）成孔后孔底沉渣要清除干净，沉渣厚度应小于 100mm。
> 3）钢筋笼检查无误后要马上浇筑混凝土，间隔时间不能超过 4h。
> 4）用导管开始浇筑混凝土时，管口至孔底的距离为 300～500mm；第一次浇筑时，导管要埋入混凝土下 0.8m 以上，以后浇捣时，导管埋深宜为 2～6m。

巩固练习

1. 【判断题】砖基础中的灰缝宽度应控制在 15mm 左右。（   ）
2. 【判断题】预制桩按入土受力方式分为打入式和静力压桩式两种。（   ）
3. 【单选题】下列关于砖基础的施工工艺的基本规定中，错误的是（   ）。
A. 垫层混凝土在验槽后应随即浇灌，以保护地基
B. 砖基础施工工艺流程：测量放线→基坑开挖→验槽→混凝土垫层施工→砖基础砌筑
C. 砖基础中的洞口、沟槽等，应在砌筑时正确留出，宽度超过 900mm 的洞口上方应砌筑平拱或设置过梁
D. 基础砌筑前，应先检查垫层施工是否符合质量要求，再清扫垫层表面，将浮土及垃圾清除干净
4. 【单选题】毛石基础砌筑每天砌筑高度不应超过（   ）m。
A. 1.0 B. 1.2
C. 1.5 D. 1.8
5. 【单选题】下列关于预制桩施工的基本规定中，正确的是（   ）。
A. 静力压桩不宜用于地下有较多孤石、障碍物或有 4m 以上硬隔离层的情况
B. 如遇特殊原因，压桩时可以不连续进行

C. 静力压桩的施工工艺流程：测量放线→桩机就位、吊桩、插桩、桩身对中调直→静压沉桩→接桩→送桩、再静压沉桩→终止压桩→切割桩头

D. 送桩时必须采用送桩器

6.【单选题】静力压桩的特点不包括（　　）。
A. 施工无噪声　　　　　　　　B. 无污染
C. 无振动　　　　　　　　　　D. 适用任何土层

7.【多选题】下列关于钻孔灌注桩施工的做法中，正确的是（　　）。
A. 第一次浇筑时，导管要埋入混凝土下 1.8m 以上
B. 用导管开始浇筑混凝土时，管口至孔底的距离为 300~500mm
C. 钢筋笼检查无误后要马上浇筑混凝土，间隔时间不能超过 4h
D. 成孔后孔底沉渣要清除干净，沉渣厚度应小于 100mm
E. 对于较好的黏土层，可采用自成泥浆护壁

【答案】1. ×；2. √；3. C；4. B；5. A；6. D；7. BCDE

第二节　砌体工程

考点 39：常见脚手架搭设施工要点

教材点睛 教材 P106-108

1. 落地式脚手架

（1）主要构件：钢管、扣件、脚手板、底座、安全网。

（2）主要构造：立杆、纵向水平杆、横向水平杆、剪刀撑、水平斜拉杆、纵横向水平扫地杆等。

（3）搭设顺序：定位放线→基础平整、夯实→垫板铺设→立杆、横纵向水平扫地杆搭设→第一步横纵向水平杆搭设→设置结构拉结→立杆接杆→（以此类推，搭设至要求高度）→剪刀撑、斜杆搭设→操作面脚手板铺设→立面及水平安全网布设。

（4）施工要点

1）在搭设之前，必须对进场的脚手架杆配件进行严格的检查，禁止使用规格和质量不合格的杆配件。

2）脚手架基础：根据放线进行场地平整、夯实、设置排水措施；在立杆布设部位铺设宽度大于等于 200mm，厚度大于等于 50mm 的垫木、垫板或其他刚性垫块。

3）架子搭设：

① 构造要求：结构脚手架单排或双排脚手架立杆间距小于等于 1.5m，大横杆间距小于等于 1.2m，小横杆间距小于等于 1m；装饰脚手架立杆间距小于等于 1.8m，大横杆间距小于等于 2m，小横杆间距小于等于 1m；脚手架外侧立挂密目安全网，作业面脚手架下布设水平安全网。

> **教材点睛** 教材P106-108（续）

② 设置第一排连墙点前，应每隔6跨设一道抛撑；顶层连墙点之上的自由高度不得大于6m，否则应采取适当的临时撑拉措施。

③ 立杆接头位置需错开，严禁在同一部位搭接；杆件端部伸出扣件之外的长度不得小于100mm。

④ 剪刀撑、斜杆、连墙件应随搭升的架子一起设置，滞后不得超过2步；剪刀撑搭接及架子杆件之间至少有3道连接，对接接头部位至少有1道连接。

⑤ 支托挑、吊、挂脚手架的悬挑梁、架必须与支承结构可靠连接，悬臂端应适当起拱。同一层各挑梁、架上表面之间的水平误差应不大于20mm。

4）脚手板：铺设应平稳，绑扎固定；脚手板端头不得超出支撑横杆250mm以上；在立杆内侧设置挡脚板，作业层外架增设2道大横杆为栏杆，高度应不小于1.2m；转角处脚手板应交圈铺设，且高度一致，并在转角部位增设立杆和横杆。

2. 非落地式脚手架

（1）非落地式脚手架：包括附着升降脚手架、悬挑式脚手架、吊篮和挂脚手架等。

（2）型钢悬挑式脚手架

1）型钢悬挑式脚手架为悬挑式脚手架中的常用形式，适用于层数不超过8层或高度不得超过25m的多层及高层建筑的主体结构施工。

2）材料组成：型钢采用热轧工字型钢，材质应符合现行标准的规定；锚固预埋件由钢板及钢筋组成，钢筋不得使用螺纹钢；其他材料同落地式脚手架。

3）悬挑式脚手架搭设：悬挑梁与架体底部立杆应连接牢靠，不得滑动或窜动。架体底部设双向扫地杆，扫地杆距悬挑梁顶面150～200mm。第一步架步距不大于1.5m，架体的连墙件数量按照每2步3跨设置一道刚性连墙件，其余架体构造要求均按照落地式脚手架的相应规定。

4）型钢悬挑架应采用16号以上规格的工字钢，结构外悬挑段长度不大于1.4m，型钢的总长度不小于3m；使用槽钢悬挑梁时应对槽钢进行抗扭计算。

5）固端倒U形环钢筋预埋在当层梁板混凝土内。

6）悬挑分载：分载采用$\phi16$双股钢芯钢丝绳穿过型钢悬挑端部，在型钢上钢丝绳穿越位置以及立杆底部位置预焊$\phi25$HPB300短钢筋，防止钢丝绳和钢管滑动或窜动。

7）斜挑防护：每隔12m搭设一道长斜挑防护棚满铺板，并牢固固定。挑出外架宽度1500～2000mm，倾斜度30°～60°。操作层及往下每10m满铺一道防护板，防护板下满铺密目安全网。

> **巩固练习**

1.【判断题】常用落地式脚手架构件有钢管、扣件、脚手板、底座、安全网，并由立杆、纵向水平杆、横向水平杆、剪刀撑、水平斜拉杆、纵横向水平扫地杆构造而成。

（   ）

2.【判断题】型钢悬挑式脚手架适用于超过 8 层或高度超过 25m 的多层及高层建筑主体结构施工。（　　）

3.【单选题】下列关于常用非落地式脚手架的施工工艺的说法中，错误的是（　　）。

A. 非落地式脚手架特别适合高层建筑以及各种不便或不必搭设落地式脚手架的情况

B. 悬挑式脚手架搭设时，架体底部应设双向扫地杆，扫地杆距悬挑梁顶面100～200mm

C. 分段悬挑架体搭设高度应符合设计计算要求，但不得超过 25m 或 8 层

D. 锚固端倒 U 形环钢筋预埋在当层梁板混凝土内，倒 U 形环两肢应与梁板底筋焊牢

4.【单选题】落地式脚手架立于土面之上的立杆底部应加设宽度（　　）、厚度（　　）的垫木、垫板或其他刚性垫块。

　　A. ≥100mm，≥50mm　　　　　　B. ≥200mm，≥100mm
　　C. ≥50mm，≥100mm　　　　　　D. ≥200mm，≥50mm

5.【单选题】边长大于等于（　　）的周边脚手架，也应适量设置抛撑。

　　A. 30m　　　　　　　　　　　　B. 20m
　　C. 40m　　　　　　　　　　　　D. 50m

6.【单选题】脚手板采用搭接铺放时，其搭接长度不得（　　），且应在搭接段的中部设有支承横杆。

　　A. 大于 200mm　　　　　　　　B. 小于 100mm
　　C. 小于 200mm　　　　　　　　D. 大于 100mm

7.【单选题】钢管脚手架连墙件和剪刀撑应及时设置，不得滞后超过（　　）。

　　A. 2 步　　　　　　　　　　　　B. 3 步
　　C. 4 步　　　　　　　　　　　　D. 5 步

8.【多选题】下列关于常用落地式脚手架的施工要点的基本规定中，表述正确的是（　　）。

A. 底立杆应按立杆接长要求选择不同长度的钢管交错设置，至少应有三种适合不同长度的钢管作立杆

B. 对接平板脚手板时，对接处的两侧必须设置横杆，作业层的栏杆和挡脚板一般应设在立杆的外侧

C. 连墙件和剪刀撑应及时设置，不得滞后超过 2 步

D. 杆件端部伸出扣件之外的长度不得小于 100mm

E. 周边脚手架的纵向水平杆必须在角部交圈并与立杆连接固定

9.【多选题】下列属于非落地式脚手架的是（　　）。

　　A. 附着式升降脚手架　　　　　　B. 爬升式脚手架
　　C. 悬挑式脚手架　　　　　　　　D. 吊篮脚手架
　　E. 挂脚手架

【答案】1. √；2. ×；3. B；4. D；5. B；6. C；7. A；8. CDE；9. ACDE

考点40：砌体施工工艺 ★

> **教材点睛** 教材 P108-111

1. 砖砌体施工要点

（1）找平、放线：砌筑前，在基础防潮层或楼面上先用水泥砂浆或细石混凝土找平，然后在龙门板上以定位钉为标志，弹出墙的轴线、边线，定出门窗洞口位置。

（2）摆砖：校对放出的墨线在门窗洞口、附墙垛等处是否符合砖的模数，以尽可能减少砍砖，并使砌体灰缝均匀（砖缝10mm），组砌得当。

（3）立皮数杆：一般立于房屋的四大角、内外墙交接处、楼梯间以及洞口等部位，间距10~15m。皮数杆应有两个方向斜撑或锚钉加以固定，每次砌砖前应用水准仪校正标高，检查皮数杆的垂直度和牢固程度。

（4）盘角、砌筑：盘角时主要大角不宜超过5皮砖，且应随砌随盘，做到"三皮一吊，五皮一靠"，对照皮数杆检查无误后，才能挂线砌筑中间墙体。砌筑时要挂线砌筑，一砖墙单面挂线，一砖半以上砖墙宜双面挂线。

（5）清理、勾缝：砌筑完成后，应及时清理墙面和落地灰。墙面勾缝采用砌筑砂浆随砌随勾缝，灰缝深度1cm，砌完整个墙体后，再用细砂拌制1：1.15水泥砂浆勾缝。

（6）楼层轴线引测：根据龙门板上标注的轴线位置将轴线引测到房屋的外墙基上，二层以上各层墙的轴线，可用经纬仪或锤球引测到楼层上，同时根据图轴线尺寸用钢尺进行校核。

（7）楼层标高的控制方法有两种：一种采用皮数杆控制，另一种在墙角两点弹出50水平线进行控制。

2. 石砌体施工要点

（1）砂浆用水泥砂浆或水泥混合砂浆，一般用铺浆法砌筑，灰缝厚度应符合要求，且砂浆饱满。毛料石和粗料石砌体的灰缝厚度不大于20mm，细料石砌体的灰缝厚度不大于5mm。

（2）毛石砌体宜分皮卧砌，且按内外搭接，上下错缝，拉结石、丁砌石交错设置的原则组砌，不得采用外面侧立石块，中间填心的砌筑方法。每日砌筑高度不超过1.2m，在转角处及交接处应同时砌筑或留斜槎。

（3）外观要求整齐的毛石墙面，外皮石材需适当加工。毛石墙的第一皮及转角、交接处和洞口处，及每个楼层砌体最上一皮，应用料石或较大的平毛石砌筑。

（4）平毛石砌筑，第一皮大面向下，以后各皮上下错缝，内外搭接，墙中不应放铲口石和全部对合石，毛石墙必须设置拉结石，拉结石应均匀分布，相互错开，一般每$0.7m^2$墙面至少设置一块，且同皮内的中距不大于2m。

（5）毛石挡土墙一般按3~4皮为一个分层高度砌筑，每砌一个分层高度应找平一次；毛石挡土墙外露面灰缝厚度不大于40mm，两个分层高度间分层处的错缝不大于80mm；对于中间毛石砌筑的料石挡土墙，丁砌料石深入中间毛石部分的长度不应小于200mm；挡土墙的泄水孔若无设计规定，应按每米高度上间隔2m设置一个。

> **教材点睛** 教材 P108-111（续）
>
> **3. 砌块砌体施工要点**
> （1）基层处理：清理砌筑基层，用砂浆找平，拉线，用水平尺检查其平整度。
> （2）砌底部实心砖：在砌第一皮加气砖前，应用实心砖砌筑，高度宜不小于200mm。
> （3）拉准线、铺灰、依准线砌筑；灰缝厚度宜为15mm，灰缝要求横平竖直，水平灰缝应饱满；竖缝采用挤浆和加浆方法，不得出现透明缝，严禁用水冲洗灌缝。
> （4）埋墙拉筋：与钢筋混凝土柱（墙）的连接，采取在混凝土柱（墙）上打入2φ6@500的膨胀螺栓，然后在膨胀螺栓上焊接φ6的钢筋，埋入加气砖墙1000mm。
> （5）砌块整砖砌至梁底，待一周后，采用灰砂砖斜砌顶紧。

巩固练习

1. 【判断题】石砌体施工一般用铺浆法砌筑。（ ）
2. 【单选题】以下砖砌体的施工工艺过程，正确的是（ ）。
   A. 找平、放线、摆砖样、盘角、立皮数杆、砌筑、勾缝、清理、楼层标高控制、楼层轴线标引等
   B. 找平、放线、摆砖样、立皮数杆、盘角、砌筑、清理、勾缝、楼层轴线标引、楼层标高控制等
   C. 找平、放线、摆砖样、立皮数杆、盘角、砌筑、勾缝、清理、楼层轴线标引、楼层标高控制等
   D. 找平、放线、立皮数杆、摆砖样、盘角、挂线、砌筑、勾缝、清理、楼层标高控制、楼层轴线标引等
3. 【单选题】下列关于砌块砌体施工工艺的基本规定中，错误的是（ ）。
   A. 灰缝厚度宜为15mm
   B. 灰缝要求横平竖直，水平灰缝应饱满，竖缝采用挤浆和加浆方法，允许用水冲洗清理灌缝
   C. 在墙体底部，在砌第一皮加气砖前，应用实心砖砌筑，其高度不宜小于200mm
   D. 与梁的接触处待加气砖砌完14d后采用灰砂砖斜砌顶紧
4. 【多选题】下列关于石砌体施工工艺的说法中，正确的是（ ）。
   A. 毛料石和粗料石砌体的灰缝厚度不大于20mm，细料石砌体的灰缝厚度不大于5mm
   B. 不得采用外面侧立石块，中间填心的砌筑方法
   C. 挡土墙的泄水孔若无设计规定，应按每米高度上间隔3m设置一个
   D. 每日砌筑高度不超过1.2m
   E. 外观要求整齐的毛石墙面，外皮石材需适当加工

【答案】1. √；2. B；3. B；4. ABDE

第三节 钢筋混凝土工程

考点41：模板工程施工工艺 ★

教材点睛 教材P111-112

1. 常见的模板种类、特性

（1）组合式模板：具有通用性强、装拆方便、周转使用次数多等特点；常见形式有组合钢模板、钢框木（竹）胶合板模板两种。

（2）工具式模板：是针对工程结构构件的特点，研制开发的可持续周转使用的专用性模板，包括大模板、滑动模板、爬升模板、飞模、模壳等。

2. 模板的安装与拆除

（1）模板安装的施工要求

1）模板的支设方法基本上有单块就位组拼（散装）和预组拼两种。预组拼方法，可以加快施工速度，提高工效和模板的安装质量，但必须具备相适应的吊装设备和较大的拼装场地。

2）模板拼接：同一条拼缝上的U形卡，不宜向同一方向卡紧；钢楞接头应错开设置，搭接长度不应小于200mm；对拉螺栓孔应平直相对，穿插螺栓不得斜拉硬顶，严禁采用电、气焊灼孔。

（2）模板拆除的安全要求

1）拆模前应制定拆模程序、拆模方法及安全措施。

2）模板拆除的顺序遵循先支后拆，先非承重部位，后承重部位以及自上而下的原则。拆模时，严禁用大锤和撬棍硬砸硬撬。

3）支承件和连接件应逐件拆卸，模板应逐块拆卸传递，拆除时不得损伤模板和混凝土。

4）拆下的模板和配件均应分类堆放整齐，及时清理、保养。

巩固练习

1.【判断题】工具式模板是可持续周转使用的通用性模板。　　　　　　　　　（　）

2.【单选题】工具式模板不包括（　　）。
A. 滑动模板　　　　　　　　　　B. 爬升模板
C. 模壳　　　　　　　　　　　　D. 小钢模板

3.【单选题】下列关于常见模板的种类、特性的基本规定中，错误的是（　　）。
A. 常见模板的种类有组合式模板、工具式模板两大类
B. 爬升模板适用于现浇钢筋混凝土竖向（或倾斜）结构
C. 飞模适用于小开间、小柱网、小进深的钢筋混凝土楼盖施工
D. 组合式模板可事先组拼成梁、柱、墙、楼板的大型模板，整体吊装就位，也可采用散支散拆方法

4.【单选题】组合式模板的特点不包括（　　）。
A. 通用性强　　　　　　　　　　　B. 装拆方便
C. 周转使用次数多　　　　　　　　D. 专用性强

5.【单选题】飞模组成不包括（　　）。
A. 支撑系统　　　　　　　　　　　B. 平台板
C. 电动脱模系统　　　　　　　　　D. 升降和行走机构

6.【多选题】下列关于模板安装与拆除的基本规定中，正确的是（　　）。
A. 同一条拼缝上的U形卡，不宜向同一方向卡紧
B. 钢楞宜采用整根杆件，接头宜错开设置，搭接长度不应小于300mm
C. 模板支设时采用预组拼方法，可以加快施工速度，提高工效和模板的安装质量，但必须具备相适应的吊装设备和较大的拼装场地
D. 模板拆除时，当混凝土强度大于$1.2N/mm^2$时，应先拆除侧面模板，再拆除承重模板
E. 模板拆除的顺序和方法，应遵循先支后拆，先非承重部位，后承重部位以及自上而下的原则

【答案】1. ×；2. D；3. C；4. D；5. C；6. ACE

考点42：钢筋工程施工工艺★

教材点睛 教材P112-116

1. 钢筋加工：包括除锈、调直、切断、弯曲成型等工序。加工质量需满足设计及规范要求。

2. 钢筋的连接

（1）钢筋连接的方法分为三类：绑扎搭接、焊接和机械连接。其中，受拉钢筋的直径大于25mm及受压钢筋的直径大于28mm时，不宜采用绑扎搭接方式。

（2）钢筋绑扎搭接连接施工要点：同一构件中相邻纵向受力钢筋的绑扎搭接接头宜相互错开；纵向受拉钢筋搭接长度不应小于300mm，纵向受压钢筋搭接长度不应小于200mm。

（3）钢筋焊接连接方法：钢筋电阻点焊、钢筋电弧焊、钢筋电渣压力焊。

（4）钢筋机械连接方法：套筒挤压连接、锥螺纹套筒连接、镦粗直螺纹套筒连接、滚压直螺纹套筒连接（直接滚压螺纹、压肋滚压螺纹、剥肋滚压螺纹）。

3. 钢筋安装施工

（1）钢筋绑扎准备

1）核对成品钢筋的钢号、直径、形状、尺寸和数量等是否与料单料牌相符。

2）准备绑扎用的钢丝（20~22号）、绑扎工具、绑扎架、水泥砂浆垫块或塑料卡等辅助材料、工具。

3）划出钢筋位置线，制定绑扎形式复杂的结构部位的施工方案。

教材点睛 教材 P112-116（续）

（2）基础钢筋绑扎施工要点

1）钢筋网的绑扎：单层网片及双层网片的下层网片，钢筋弯钩应朝上；双层网片的上层网片，钢筋弯钩朝下。钢筋交叉点应根据设计要求扎牢到位，注意相邻绑扎点铁丝扣成八字形布置。

2）双层钢筋网上下层之间应设置钢筋支撑，钢筋支撑间距 1m，钢筋直径根据设计板厚确定。

3）柱插筋位置要准确，固定牢固。

（3）柱钢筋绑扎施工要点

1）柱中的竖向钢筋搭接绑扎时，角部钢筋的弯钩应与模板成 45°（多边形柱为模板内角的平分角、圆形柱应与模板切线垂直）。中间钢筋的弯钩应与模板成 90°。

2）箍筋的接头应交错布置在四角纵向钢筋上；箍筋转角与纵向钢筋交叉点均应扎牢，绑扣相互间应成八字形。

3）下层柱的钢筋露出楼面部分，宜用工具式柱箍将其收进一个柱筋直径，以利于上层柱的钢筋搭接。当柱截面有变化时，其下层柱钢筋的露出部分，必须在绑扎梁的钢筋之前先行收缩准确。

4）框架梁、牛腿及柱帽等钢筋，应放在柱的纵向钢筋内侧。

（4）梁、板钢筋绑扎施工要点

1）单向受力板，应先铺设平行于短边方向的受力钢筋，后铺设平行于长边方向的分布钢筋；双向受力板，应先铺设平行于短边方向的受力钢筋，后铺设平行于长边方向的受力钢筋。

2）板上部的负筋、主筋与分布钢筋的相交点必须全部绑扎，并垫上保护层垫块；双层钢筋时，两层钢筋之间应设撑铁，管线应在负筋绑扎前预埋。

3）板、次梁与主梁交叉处，板的钢筋在上，次梁的钢筋居中，主梁的钢筋在下；当有圈梁或垫梁时，主梁的钢筋在上。

4）板上部负筋，双层钢筋上部钢筋，雨篷、挑檐、阳台等悬臂板钢筋，应采取防踩踏措施进行保护。

巩固练习

1.【判断题】当受拉钢筋的直径大于 22mm 及受压钢筋的直径大于 25mm 时，不宜采用绑扎搭接接头。（　　）

2.【单选题】下列各项中，关于钢筋安装的基本规定中，正确的是（　　）。

A. 钢筋绑扎用的 22 号钢丝只用于绑扎直径 14mm 以下的钢筋

B. 基础底板采用双层钢筋网时，在上层钢筋网下面每隔 1.5m 放置一个钢筋撑脚

C. 基础钢筋绑扎的施工工艺流程：清理垫层、画线→摆放下层钢筋，并固定绑扎→摆放钢筋撑脚（双层钢筋时）→绑扎柱墙预留钢筋→绑扎上层钢筋

D. 控制混凝土保护层用的水泥砂浆垫块或塑料卡的厚度应等于保护层厚度

3.【单选题】钢筋机械连接的方法不包括（　　　）。
A. 电渣压力焊连接　　　　　　　　B. 滚压直螺纹套筒连接
C. 锥螺纹套筒连接　　　　　　　　D. 套筒挤压连接

4.【多选题】下列各项中，属于钢筋加工的是（　　　）。
A. 钢筋除锈　　　　　　　　　　　B. 钢筋调直
C. 钢筋切断　　　　　　　　　　　D. 钢筋冷拉
E. 钢筋弯曲成型

【答案】1. ×；2. D；3. A；4. ABCE

考点43：混凝土工程施工工艺 ★

> **教材点睛**　教材 P116–117
>
> **1. 混凝土工程施工工艺流程**：混凝土拌合料的制备→运输→浇筑→振捣→养护。
>
> **2. 混凝土拌合料的运输**
> （1）运输要求：能保持混凝土的均匀性，不离析、不漏浆；浇筑点坍落度检测符合设计配合比要求；应在混凝土初凝前浇入模板并捣实完毕；保证混凝土浇筑能连续进行。
> （2）运输时间【详见P116表4-3】
> （3）运输方案及运输设备：多采用混凝土搅拌运输车运；在工地内混凝土运输可选用"泵送"或"塔式起重机＋料斗"两种方式。
>
> **3. 混凝土浇筑施工要求**
> （1）基本要求
> 1）混凝土应连续作业、分层浇筑，分层捣实，但两层混凝土浇捣时间间隔不应超过规范规定。
> 2）浇筑竖向结构混凝土前，应底部浇筑50～100mm厚与混凝土内砂浆同配合比的水泥砂浆（接浆处理）；浇筑高度超过2m时，应采用溜槽或串筒下料。
> 3）浇筑过程应观察模板及其支架、钢筋、埋设件和预留孔洞的情况，当发现变形或位移应立即处理。
> （2）施工缝的留设和处理
> 1）施工缝应留在结构受剪力较小且便于施工的部位。柱子应留水平缝，梁、板和墙应留垂直缝。
> 2）施工缝的处理：待施工缝混凝土抗压强度不小于1.2MPa时，可进行施工缝处理。将混凝土表面凿毛、清洗、清除水泥浆膜和松动石子或软弱混凝土层，再满铺一层10～15mm厚与混凝土同水灰比的水泥砂浆，方可继续浇筑混凝土。
> （3）混凝土振捣：根据结构特点选用适用的振捣机械振捣混凝土，尽快将拌合物中的空气振出。振捣机械按其作业方式可分为插入式振动器、表面振动器、附着式振动器和振动台。

> **教材点睛** 教材 P116-117（续）
>
> **4. 混凝土养护**
> （1）养护方法：自然养护（洒水养护、喷洒塑料薄膜养生液养护）、蒸汽养护、蓄热养护等。
> （2）混凝土必须养护至其强度达到 1.2MPa 以上，方可上人、作业。

巩固练习

1.【判断题】自然养护是指利用平均气温高于 5℃ 的自然条件，用保水材料或草帘等对混凝土加以覆盖后适当浇水，使混凝土在一定的时间内在湿润状态下硬化。（　　）

2.【判断题】混凝土必须养护至其强度达到 1.2MPa 以上，才允许在上面行人和架设支架、安装模板。（　　）

3.【单选题】下列关于混凝土拌合料运输过程中的一般要求，不正确的说法是（　　）。

A. 保持其均匀性，不离析、不漏浆
B. 保证混凝土能连续浇筑
C. 运到浇筑地点时应具有设计配合比所规定的坍落度
D. 应在混凝土终凝前浇入模板并捣实完毕

4.【单选题】浇筑竖向结构混凝土前，应先在底部浇筑一层水泥砂浆，对砂浆的要求是（　　）。

A. 与混凝土内砂浆成分相同且强度高一级
B. 与混凝土内砂浆成分不同且强度高一级
C. 与混凝土内砂浆成分不同
D. 与混凝土内砂浆成分相同

5.【单选题】混凝土浇水养护的时间：对采用硅酸盐水泥、普通硅酸盐水泥或矿渣硅酸盐水泥拌制的混凝土，不得少于（　　）。

A. 7d　　　　　　　　　　　　B. 10d
C. 5d　　　　　　　　　　　　D. 14d

6.【多选题】下列关于施工缝的留设与处理的说法中，正确的是（　　）。

A. 施工缝宜留在结构受剪力较小且便于施工的部位
B. 柱应留水平缝，梁、板应留垂直缝
C. 在施工缝处继续浇筑混凝土时，应待浇筑的混凝土抗压强度不小于 1.2MPa 方可进行
D. 对施工缝进行处理需满铺一层 20～50mm 厚水泥浆或与混凝土同水灰比水泥砂浆，方可浇筑混凝土
E. 继续浇筑混凝土前，应清除施工缝混凝土表面的水泥浆膜、松动石子及软弱的混凝土层

7.【多选题】用于振捣密实混凝土拌合物的机械,按其作业方式可分为( )。
A. 插入式振动器　　　　　　　B. 表面振动器
C. 振动台　　　　　　　　　　D. 独立式振动器
E. 附着式振动器

【答案】1. √; 2. √; 3. D; 4. D; 5. A; 6. ABCE; 7. ABCE

第四节　钢结构工程

考点44:钢结构工程★

> **教材点睛**　教材 P118-120
>
> **1. 钢结构的连接方法**
> (1) 焊接连接:常用方法有手工电弧焊、埋弧焊、气体保护焊。
> (2) 螺栓连接:常用方法有普通螺栓连接、高强度螺栓连接、自攻螺钉连接、铆钉连接。
>
> **2. 钢结构安装施工工艺要点**
> (1) 吊装施工:吊点采用四点绑扎,绑扎点应用软材料垫保护;起吊时,先将钢构件吊离地面50cm左右对准安装位置中心,然后将钢构件吊至需连接位置,对准预留螺栓孔就位;将螺栓穿入孔内,初拧固定,垂直度校正后终拧螺栓固定。
> (2) 高强度螺栓连接施工要点
> 1) 根据设计要求复核螺栓的规格和螺栓号;将螺栓自由穿入孔内,不得强行敲打,不得气割扩孔。
> 2) 应从螺栓群中央按顺序向外施拧,当天需终拧完毕;当大型节点螺栓数量较多时,则需要增加一道复拧工序,复拧扭矩仍等于初拧的扭矩,以保证螺栓均达到初拧值。
> 3) 施拧采用电动扭矩扳手,按拧紧力矩的50%进行初拧,然后按100%拧紧力矩进行终拧。拧紧时对螺母施加顺时针力矩,对梅花头施加逆时针力矩,终拧至栓杆端部断颈拧掉梅花头为止。
> 4) 高强度螺栓上、下接触面处加有1/20以上斜度时应采用垫圈垫平。高强度螺栓不得兼作安装螺栓。高强度螺栓孔必须采用机械钻孔,中心线倾斜度不得大于2mm。
> (3) 钢构件焊接连接
> 1) 焊接区表面及其周围20mm范围内,应彻底清除待焊处表面的氧化皮、锈、油污、水分等污物。
> 2) 施焊前,焊工应复核焊接件的接头质量和焊接区域的坡口、间隙、钝边等的处理情况。

> **教材点睛** 教材 P118-120（续）
>
> 3）厚度 12mm 以下板材，可不开坡口；厚度较大板，需开坡口焊，一般采用手工打底焊。
>
> 4）多层焊时，一般每层焊高为 4~5mm；填充层总厚度低于母材表面 1~2mm，不得熔化坡口边；盖面层应使焊缝对坡口熔宽每边 3mm±1mm。
>
> 5）不应在焊缝以外的母材上打火引弧。

巩固练习

1.【判断题】钢构件焊接施焊前，焊工应复核焊接件接头质量和焊接区域的坡口、间隙、钝边等的处理情况。（   ）

2.【单选题】钢结构的连接方法不包括（   ）。
  A. 绑扎连接   B. 焊接
  C. 螺栓连接   D. 铆钉连接

3.【单选题】下列关于高强度螺栓的拧紧问题，说法错误的是（   ）。
  A. 高强度螺栓连接的拧紧应分初拧、终拧
  B. 对于大型节点应分初拧、复拧、终拧
  C. 复拧扭矩应大于初拧扭矩
  D. 扭剪型高强度螺栓拧紧时对螺母施加逆时针力矩

4.【单选题】下列焊接方法中，不属于钢结构工程常用的是（   ）。
  A. 自动（半自动）埋弧焊   B. 闪光对焊
  C. 药皮焊条手工电弧焊   D. 气体保护焊

5.【单选题】钢结构气体保护焊目前应用较多的是（   ）。
  A. 熔化极气体保护焊   B. 钨极氩弧焊
  C. 镍极氩弧焊   D. CO_2 气体保护焊

6.【多选题】下列关于钢结构安装施工要点的说法中，错误的是（   ）。
  A. 起吊事先将钢构件吊离地面 30cm 左右，使钢构件中心对准安装位置中心
  B. 高强度螺栓上、下接触面处加有 1/15 以上斜度时应采用垫圈垫平
  C. 施焊前，焊工应检查焊接件的接头质量和焊接区域的坡口、间隙、钝边等的处理情况
  D. 厚度大于 12~20mm 的板材，单面焊后，背面清根，再进行焊接
  E. 焊道两端加引弧板和熄弧板，引弧和熄弧焊缝长度应大于等于 150mm

【答案】1.√；2. A；3. C；4. B；5. D；6. ABE

第五节 防水工程

考点 45：防水砂浆防水工程施工工艺 ★

> **教材点睛** 教材 P120-121
>
> **1.** 防水砂浆防水层属于刚性防水。
> **2.** 在水泥砂浆中掺入占水泥重量 3%～5% 的防水剂。常用的有氯化物金属盐类和金属皂类防水剂。
> **3.** 防水施工环境温度 5～35℃，在结构变形、沉降稳定后进行。为防止裂缝可在防水层内增设金属网片。
> **4. 基层处理：**清理干净表面、浇水湿润、补平表面蜂窝孔洞，使基层表面平整、坚实、粗糙，以增加防水层与基层间的粘结力。
> **5.** 防水砂浆应分层施工，每层养护凝固或阴干后，方可进行下一层施工。
> **6.** 防水砂浆防水层完工并待其强度达到要求后，应进行检查，以防水层不渗水为合格。

考点 46：防水涂料防水工程施工工艺 ★

> **教材点睛** 教材 P121-123
>
> **1.** 防水涂料防水层属于柔性防水层。常用的防水涂料有橡胶沥青类防水涂料、聚氨酯防水涂料、硅橡胶防水涂料、丙烯酸酯防水涂料、沥青类防水涂料等。
> **2. 找平层施工：**包括水泥砂浆找平层、沥青砂浆找平层、细石混凝土找平层三种，施工要求密实平整，找好坡度。找平层的种类及施工要求见【P122 表 4-5】。
> **3. 防水层施工**
> （1）涂刷基层处理剂：涂刷时应用刷子用力薄涂，使涂料尽量刷进基层表面的毛细孔，并将基层可能留下的少量灰尘等无机杂质，与基层牢固结合。
> （2）涂刷防水涂料：施工方法有刮涂、刷涂和机械喷涂。
> （3）铺设胎体增强材料：胎体增强材料可以是单一品种，也可以玻璃纤维布和聚酯纤维布混合使用。一般下层采用聚酯纤维布，上层采用玻璃纤维布。施工方法可采用湿铺法或干铺法铺贴。铺设位置在涂刷第二遍涂料时，或第三遍涂料涂刷前。
> （4）收头处理：所有收头均应用密封材料压边，压边宽度不得小于10mm，收头处的胎体增强材料应裁剪整齐，不得出现翘边、皱折、露白等现象。
> **4. 保护层种类：**包括水泥砂浆、泡沫塑料、细石混凝土和砖墙四种，施工要求不得损坏防水层。其施工要求详见【P123 表 4-6】。

考点47：卷材防水工程施工工艺 ★

教材点睛　教材P123-124

1. 卷材防水材料：沥青防水卷材、高聚物改性沥青防水卷材。

2. 材料检验：防水卷材及配套材料应有产品合格证书和性能检测报告，材料进场后需进行材料复试。

3. 防水层施工要点

（1）找平层表面应坚固、洁净、干燥。

（2）基层处理剂应采用与卷材性能配套（相容）的材料，或采用同类涂料的底子油。

（3）铺贴高分子防水卷材时，切忌拉伸过紧，以免使卷材长期处在受拉应力状态，加速卷材老化。

（4）胶粘剂涂刷与粘合的间隔时间，受胶粘剂本身性能、气温湿度影响，要根据试验、经验确定。

（5）卷材搭接缝结合面应清洗干净，均匀涂刷胶粘剂后，要控制好胶粘剂涂刷与粘合的间隔时间，粘合时要排净接缝间的空气，辊压粘牢。接缝口应采用宽度不小于10mm的密封材料封严，以确保防水层的整体防水性能。

巩固练习

1.【判断题】防水砂浆防水层通常称为刚性防水层，其依靠增加防水层厚度和提高砂浆层的密实性来达到防水要求。　　　　　　　　　　　　　　　　　　（　　）

2.【判断题】防水层每层应连续施工，素灰层与砂浆层允许不在同一天施工完毕。
　　　　　　　　　　　　　　　　　　　　　　　　　　　　　　　　　（　　）

3.【单选题】下列关于防水砂浆防水层施工的说法中，正确的是（　　）。

A. 砂浆防水是分层分次施工，相互交替抹压密实的封闭防水整体

B. 背水面基层的防水层采用五层做法，迎水面基层的防水层采用四层做法

C. 防水层每层应连续施工，素灰层与砂浆层可不在同一天施工完毕

D. 揉浆既保护素灰层又起到防水作用，当揉浆难时，允许加水稀释

4.【单选题】下列关于掺防水剂水泥砂浆防水施工的说法中，错误的是（　　）。

A. 施工工艺流程：找平层施工→防水层施工→质量检查

B. 采用抹压法分层铺抹防水砂浆，每层厚度为10～15mm，总厚度不小于30mm

C. 氯化铁防水砂浆施工时，底层防水砂浆抹完12h后，抹压面层防水砂浆，其厚13mm，分两遍抹压

D. 防水层施工时的环境温度为5～35℃

5.【单选题】下列关于涂料防水施工工艺的说法中，错误的是（　　）。

A. 防水涂料防水层属于柔性防水层

B. 一般采用外防外涂和外防内涂施工方法

C. 施工工艺流程：找平层施工→保护层施工→防水层施工→质量检查

D. 找平层有水泥砂浆找平层、沥青砂浆找平层、细石混凝土找平层三种

6.【单选题】下列关于涂料防水中防水层施工的说法中，正确的是（　　）。

A. 湿铺法是在铺第三遍涂料涂刷时，边倒料、边涂刷、边铺贴的操作方法

B. 对于流动性差的涂料，可以采用分条间隔施工的方法，条带宽 800～1000mm

C. 胎体增强材料混合使用时，一般下层采用玻璃纤维布，上层采用聚酯纤维布

D. 所有收头均应用密封材料压边，压边宽度不得小于 20mm

7.【单选题】下列关于卷材防水施工的说法中，错误的是（　　）。

A. 基层处理剂应采用与卷材性能配套（相容）的材料，或采用同类涂料的底子油

B. 铺贴高分子防水卷材时，切忌拉伸过紧，以免使卷材长期处在受拉应力状态，易加速卷材老化

C. 施工工艺流程：找平层施工→防水层施工→保护层施工→质量检查

D. 卷材搭接接缝口应采用宽度不小于 20mm 的密封材料封严，以确保防水层的整体防水性能

8.【多选题】下列关于防水混凝土施工工艺的说法中，错误的是（　　）。

A. 水泥选用的强度等级不低于 32.5 级

B. 在保证能振捣密实的前提下水灰比尽可能小，一般不大于 0.6，坍落度不大于 50mm

C. 为了有效起到保护钢筋和阻止钢筋的引水作用，迎水面防水混凝土的钢筋保护层厚度不得小于 35mm

D. 在浇筑过程中，应严格分层连续浇筑，每层厚度不宜超过 300～400mm，机械振捣密实

E. 墙体一般允许留水平施工缝和垂直施工缝

9.【多选题】下列关于涂料防水中找平层施工的说法中，正确的是（　　）。

A. 采用沥青砂浆找平层时，滚筒应保持清洁，表面可涂刷柴油

B. 采用水泥砂浆找平层时，铺设找平层 12h 后，需洒水养护或喷冷底子油养护

C. 采用细石混凝土找平层时，浇筑时混凝土的坍落度应控制在 20mm，浇捣密实

D. 沥青砂浆找平层一般不宜在气温 0℃ 以下施工

E. 采用细石混凝土找平层时，浇筑完板缝混凝土后，应立即覆盖并浇水养护 3d，待混凝土强度等级达到 1.2MPa 时，方可继续施工

【答案】1. √；2. ×；3. A；4. B；5. C；6. B；7. D；8. ACE；9. ABD

第六节 装饰装修工程

考点48：楼地面工程施工工艺 ★

> **教材点睛** 教材 P124-127

1. 水泥砂浆地面施工

（1）常用的材料：强度等级大于等于42.5级的通用硅酸盐水泥；中粗砂（含泥量不大于3%）。

（2）基层处理：是防止水泥砂浆面层空鼓、裂纹、起砂等质量通病的关键工序。基层抗压强度达到1.2MPa方可施工；对于比较光滑的基层，应进行凿毛，并用清水冲洗干净。

（3）弹线找规矩：先在四周墙上弹出一道水平基准线，作为控制水泥砂浆面层标高的依据；按纵横标筋间距为1500～2000mm在地面四周做灰饼冲筋，控制面层施工高度；地漏四周应做出坡度不小于5%的泛水。

（4）铺设水泥砂浆面层：水泥砂浆要求拌合均匀，颜色一致。施工流程：基层浇水湿润→刷一道素水泥浆结合层→均匀铺上砂浆→用刮尺以标筋为准刮平、拍实→木抹子打磨→均匀涂抹纯水泥浆→用铁抹子抹光。

（5）养护与保护：水泥砂浆面层施工完毕后，要及时进行浇水养护，养护时间不少于7d。

2. 陶瓷地砖楼地面施工

（1）施工工艺流程：基础处理→弹线找规矩→灰饼、标筋→试拼→地砖铺贴→压平拨缝→养护。

（2）施工要点

1）试拼：根据分格线进行试拼，检查图案、颜色及纹理方向及效果。

2）铺贴地砖：根据其尺寸大小分为湿贴法和干贴法两种。

① 湿贴法：适用于400mm×400mm以下地砖的铺贴；先将1∶2水泥砂浆摊在地砖背面，然后根据放线及标筋铺设地砖，再用橡胶槌轻轻敲击地砖表面，与地面粘贴牢固；地面的整体水平标高相差超过40mm，用1∶2半硬性水泥砂浆铺找平层。

② 干贴法：适用于500mm×500mm以上地砖的铺贴；在地面上用1∶3的干硬性水泥砂浆铺一层厚度为20～50mm的垫层，将纯水泥浆刮在地砖背面，然后根据放线及标筋铺设地砖，再用橡胶槌轻轻敲击地砖表面，与地面粘贴牢固。

3）压平、拨缝：镶贴时，应边铺贴边用水平尺检查地砖平整度，拉线检查缝格的平直度。

4）养护：铺完砖24h后洒水养护，时间不少于7d。

3. 石材楼地面铺设施工

（1）施工工艺流程：基层处理→抄平放线→做灰饼、标筋→铺板→灌缝、擦缝→打蜡、养护。

教材点睛 教材 P124-127（续）

（2）施工要点

1）保新剂：可起到封闭石材表面空隙，防止污渍、油污浸入石材的作用；要求石材六面涂刷。

2）铺找平层：根据地面标筋用1:3~1:1干硬性水泥砂浆铺一层厚度20~50mm的找平层。

3）铺板：在找平层上接通线，随线铺设一行基准板，再从基准板的两边进行大面积铺贴。

4）灌缝、擦缝：用棉纱将板面上的灰浆擦拭干净，然后用与石材颜色相同的勾缝剂进行抹缝处理。

5）打蜡、养护：铺装完毕后，养护7d。用草酸清洗板面，再打蜡、抛光。

4. 木地板楼地面施工

（1）木地板的施工方法：可分为实铺式、空铺式和浮铺式（也称悬浮式）。

（2）实铺式木地板工艺流程

1）格栅式：基层处理→安装木格栅→钉毛地板→弹线、铺钉硬木地板、踢脚板→刨光、打磨→油漆。

2）粘贴式：基层清理→弹线定位→涂胶→粘贴地板→刨光、打磨→油漆。

（3）实铺式木地板施工要点

1）格栅式实铺地板

① 基层处理：基层地面应平整、光洁、无起砂、起壳、开裂。

② 安装木格栅：用预埋的$\phi 4$钢筋或8号钢丝将木格栅固定牢固；木格栅与墙间应留出不小于30mm的缝隙。

③ 钉毛地板：毛地板条与木格栅成30°或45°斜角方向铺钉，板间缝隙不大于3mm，接头要错开；在企口凸榫处斜着钉暗钉，每块板不少于2个钉，毛地板与墙之间应留10~20mm的缝隙。

④ 铺钉硬木地板、踢脚板：铺钉硬木地板先由中央向两边进行，后铺镶边；直条硬木地板相邻接头要错开200mm以上，相邻两块地板边缘高差不大于1.0mm，木板与墙之间的缝隙用踢脚板封盖。

⑤ 刨平、刨光、磨光硬木地板：用刨地板机先斜纹后顺纹将表面刨平、刨光，再用磨砂机磨光。

⑥ 刷涂料、打蜡：清漆罩面涂刷，养护3~5d后打蜡，蜡要薄而匀，再用打蜡机擦亮。

2）粘贴式实铺地板

① 粘贴地板：随刮胶粘剂随铺地板，随铺随退，用力推紧、压平，板缝中挤出的胶粘剂要及时揩除。

② 地板粘贴后自然养护3~5d。

③ 其他要求同格栅式实铺地板。

巩固练习

1. 【判断题】粘贴式实铺地板粘贴后需自然养护 10d。（   ）
2. 【单选题】下列关于水泥砂浆地面施工的说法中，错误的是（   ）。
A. 在现浇混凝土或水泥砂浆垫层上做水泥砂浆地面面层时，其抗压强度达到 1.2MPa 后，才能铺设面层
B. 地面抹灰前，应先在四周墙上 1200mm 处弹出一道水平基准线，作为确定水泥砂浆面层标高的依据
C. 铺抹水泥砂浆面层前，先将基层浇水湿润，刷一道素水泥浆结合层，并随刷随抹
D. 水泥砂浆面层施工完毕后，要及时进行浇水养护，必要时可蓄水养护，养护时间不少于 7d，强度等级应不小于 15MPa
3. 【单选题】下列关于陶瓷地砖楼地面施工的说法中，正确的是（   ）。
A. 湿贴法主要适用于地砖尺寸在 500mm×500mm 以下的小地砖的铺贴
B. 干贴法应首先在地面上用 1∶2 的干硬性水泥砂浆铺一层厚度为 20～50mm 的垫层
C. 铺贴前应先进行试拼，试拼后按顺序排列，编号，浸水备用
D. 铺完砖 24h 后洒水养护，时间不得少于 14d
4. 【单选题】下列关于石材和木地板楼地面铺设施工的说法中，错误的是（   ）。
A. 根据地面标筋铺找平层，找平层起到控制标高和粘结面层的作用
B. 按设计要求用 1∶3～1∶1 干硬性水泥砂浆，在地面均匀铺一层厚度为 20～30mm 的干硬性水泥砂浆
C. 空铺式一般用于平房、底层房屋或较潮湿地面以及地面敷设管道需要将木地板架空等情况
D. 格栅式实铺木地板的施工工艺流程：基层处理→安装木格栅→钉毛地板→弹线、铺钉硬木地板、钉踢脚板→刨光、打磨→油漆
5. 【多选题】下列关于木地板楼地面铺设施工的说法中，正确的是（   ）。
A. 安装木格栅要严格做到整间木格栅面标高一致，用 5m 直尺检查，空隙不大于 3mm
B. 实铺式木地板一般用于 2 层以上的干燥楼面
C. 铺钉硬木地板先由两边向中央进行，后铺镶边
D. 随刮胶粘剂随铺地板，人员随铺随往后退，要用力推紧、压平，并随即用砂袋等物压 6～24h
E. 一般做清漆罩面，涂刷完毕后养护 3～5d 打蜡，蜡要涂得薄而匀，再用打蜡机擦亮隔 1d 后就可上人使用

【答案】1. ×；2. B；3. C；4. B；5. BDE

考点 49：一般抹灰工程施工工艺 ★

教材点睛 教材 P127-128

1. 一般抹灰按等级可分为普通抹灰和高级抹灰。
2. 施工要点
（1）一般抹灰施工的施工顺序：遵循"先室外后室内、先上后下、先顶棚后墙地"的原则。
（2）基层处理：将基层表面的灰尘、污垢和油渍等应清除干净，洒水湿润，再进行"毛化处理"。
（3）找规矩、做灰饼标筋：根据抹灰基准线做灰饼标筋，作为大面积抹灰平整度和垂直度的控制依据。
（4）阳角做护角：室内外墙角、柱角和门窗洞口的阳角抹灰要线条清晰、挺直，并应防止碰撞损坏。
（5）抹灰工程应分层进行，一般抹灰通常分为抹底层灰、中层灰、面层灰三层。

巩固练习

1.【判断题】一般抹灰按等级可分为基础抹灰和高级抹灰。（　　）
2.【判断题】一般抹灰的施工工艺流程：基层处理→阳角做护角→找规矩做灰饼、标筋→抹底层灰、中层灰、面层灰。（　　）
3.【判断题】一般抹灰施工顺序应遵循"先室外后室内、先上后下、先顶棚后墙地"的原则。（　　）
4.【单选题】下列关于一般抹灰工程施工要点的说法中，错误的是（　　）。
A. 对表面光滑的基层进行"毛化处理"时，常在浇水湿润后，用 1：2 水泥细砂浆喷洒墙面
B. 与人、物经常接触的阳角部位，不论设计有无规定，都需要做护角，并用水泥浆捋出小圆角
C. 底层灰六七成干时即可抹中层灰。操作时一般按自上而下、从左向右的顺序进行
D. 阳角护角无设计要求时，采用 1：2 水泥砂浆做暗护角，其高度不应低于 2m，每侧宽度不应小于 50mm
5.【多选题】一般抹灰分为抹（　　）。
A. 底层灰　　　　　　　　　　B. 中层灰
C. 面层灰　　　　　　　　　　D. 上面层
E. 下面层

【答案】1. ×；2. ×；3. √；4. A；5. ABC

考点50：门窗工程施工工艺 ★

> **教材点睛** 教材 P128-130

1. 木门窗的施工要点

（1）找规矩、弹线：在离楼地面500mm高的墙面上测弹一条水平控制线，按门窗安装标高、尺寸和开启方向，在墙体预留洞口四周弹出门窗落位线。建筑外窗还需以顶层外窗落位线为主，用线锤从外墙一侧向下吊线，分层弹出外窗垂直控制线。

（2）安装门窗框：以弹好的控制线为准，先用木楔将框临时固定门窗框，用水平尺、线坠、方尺调平、找垂直、找方正，调整无误后，将门窗框与墙体固定牢固。

（3）门窗框嵌缝：内门窗采用与墙面抹灰相同的砂浆进行缝隙塞实，外门窗一般采用保温砂浆或发泡胶将门窗框与洞口的缝隙塞实。

（4）安装门窗扇：首先检查好门窗扇的质量，核对好型号、规格及开启方向，然后按设计要求调整好门窗扇留缝宽度，进行门窗扇安装。

（5）安装五金（玻璃）：有木节处或已填补的木节处，均不得安装小五金；门锁不宜安装在中冒头与立梃的结合处；合页、插销等需隐蔽的五金件，需做凹槽，安完后应低于表面1mm左右；五金件的安装位置要正确，且固定牢固。

（6）成品保护：木门窗安装完毕，要用薄膜包好加以保护。

2. 塑料门窗安装要点

（1）找规矩、弹线：门窗位置确定后，检查门窗预留洞口尺寸，不符合要求的及时进行修整。

（2）安装门窗框：门窗框准确后，检测校正门窗框的水平度、垂直度，先用木楔临时固定，再用连接件固定牢固。混凝土墙体宜采用射钉或塑料膨胀螺栓固定，砖墙或其他砌体墙，门窗框连接件直接与墙上预埋件固定。

（3）门窗框与墙体缝隙处理：框与墙体之间的缝隙一般采用泡沫塑料条或单组分发泡胶进行嵌缝，密封膏嵌填收口。对保温、隔声要求高的工程，缝隙应采用聚氨酯发泡密封胶等隔热隔声材料填充。

（4）安装门窗扇及五金配件：按设计要求及配件产品说明书要求，安装牢固，开关灵活，满足使用功能要求。

（5）调试、清理：塑料门窗安装完毕后，要逐个进行启闭调试，保证开关灵活，性能良好，关闭严密，表面平整。玻璃及框周边注入的密封胶要平整、饱满。对成品进行妥善保护。

> **巩固练习**

1.【判断题】木质外门窗一般采用保温砂浆或发泡胶将门窗框与洞口的缝隙塞实。

（　　）

2.【单选题】下列关于木门窗施工工艺的说法中,正确的是( )。
A. 木门窗施工工艺流程:找规矩弹线→安装门窗框→门窗框嵌缝→安装门窗扇→安装五金(玻璃)→成品保护
B. 门窗安装前,应在离楼地面 900mm 高的墙面上测弹一条水平控制线
C. 外门窗一般采用与墙面抹灰相同的砂浆将门窗框与洞口的缝隙塞实
D. 将扇放入框中试装合格后,在框上按合页大小画线,剔出合页槽,槽深与合页厚度相适应,槽底要平

3.【单选题】下列关于塑料门窗框连接件与墙体固定的方法,不正确的是( )。
A. 混凝土墙体可采用射钉
B. 连接件之间的距离不超过 300mm
C. 混凝土墙体可采用塑料膨胀螺栓
D. 连接件距窗角 150~200mm

4.【单选题】下列不属于按门窗结构形式分类的是( )。
A. 平开门窗
B. 防火门窗
C. 自动门窗
D. 推拉门窗

5.【单选题】塑料平开门窗合页安装位置应距端头 150~200mm,合页之间距离应不大于( )。
A. 1000mm
B. 1200mm
C. 1400mm
D. 1500mm

6.【多选题】下列关于门窗工程施工工艺的说法中,正确的是( )。
A. 塑料门窗中连接件的位置应距窗角、中竖框、中横框 150~250mm,连接件之间的距离不超过 800mm
B. 塑料门窗安装完毕后,要逐个进行启闭调试,保证开关灵活,性能良好,关闭严密,表面平整
C. 塑料门窗的安装工艺流程:找规矩弹线→安装门窗框→门窗框嵌缝→安装门窗扇→安装五金(玻璃)→调试、清理成品保护
D. 塑料门窗通常采用推拉、平开、自动式等方式开启
E. 木门窗五金安装时,门窗扇嵌 L 铁、T 铁时应加以隐蔽,做凹槽,安完后应低于表面 2mm 左右

【答案】1. √ ;2. A;3. B;4. B;5. A;6. BC

考点 51:涂饰工程施工工艺 ★

教材点睛 教材 P130-131

1. 常用施涂方法:刷涂、辊涂、喷涂、抹涂、刮涂。其中辊涂法功效快,施工环保效果良好。

2. 辊涂法施工要点

(1)基层处理:用 1:3 水泥砂浆(或聚合物水泥砂浆)修补基层缺陷;清除基层表面上的灰尘、污垢、溅沫和砂浆流痕等。

> **教材点睛** 教材 P130-131（续）
>
> （2）打底（批刮腻子）：满刮抗裂弹性腻子一遍，干燥后应用中号砂纸将刮痕打磨平整光滑。腻子施工适宜温度为 5℃以上，腻子应放在干燥、通风阴凉处，粉状料应避免受潮，胶液应避免日光暴晒。
>
> （3）面层施涂
>
> 1）辊涂前，应注意基层的干湿程度，抹面含水率小于 10%，pH 值小于 10 后方可施工，以防止涂层出现起泡、掉粉、失光、涂面出现拉毛等现象。腻子层要干燥坚硬、平整，以保持涂层厚度均匀。
>
> 2）辊涂过程中若有气泡出现，待稍微吸水以后，用短辊蘸少量的外墙乳胶漆复压一次，就可使气泡消除。涂料的工作黏度或稠度必须加以控制，使其在涂料施涂时不流坠、不显刷纹。
>
> 3）辊涂上下接槎要严，一面墙一气呵成，同一墙面应用同一批号的乳胶漆，保证饰面颜色一致。
>
> 4）辊涂间断或分段施工时，涂层接槎应留在分格缝、墙的阴角处或水落管背后等不明显部位，以确保同一墙面无明显接槎。
>
> 5）辊涂前和辊涂过程中，底漆和乳胶漆均应搅拌均匀，不可掺加异物；未用完的底乳胶漆应加盖密封，并存放在阴凉通风处。

巩固练习

1. 【判断题】抹涂法是涂饰施工最为常用的方法。（ ）
2. 【判断题】涂饰工程施工工艺流程：基层处理→打底、批刮腻子→面层施涂→修理。（ ）
3. 【判断题】混凝土表面在施涂前应将基体缺棱掉角处、孔洞用 1:2 的水泥砂浆修补。（ ）
4. 【判断题】底漆和乳胶漆施工适宜温度为 0℃以上，未用完底乳胶漆应加盖密封，并存放在阴凉通风处。（ ）
5. 【单选题】下列选项中不属于常用施涂方法的是（ ）。
  A. 刷涂   B. 辊涂
  C. 甩涂   D. 喷涂

【答案】1. ×；2. √ 3. ×；4. √；5. C

第五章　施工项目管理

第一节　施工项目管理的内容及组织

考点 52：施工项目管理的特点及内容

> **教材点睛**　教材 P132-133
>
> **1. 施工项目管理的特点：**① 主体是建筑企业；② 对象是施工项目；③ 管理内容是按阶段变化的；④ 要求是强化组织协调工作。
> **2. 施工项目管理的内容（八个方面）：**① 建立施工项目管理组织；② 编制施工项目管理规划；③ 施工项目的目标控制；④ 施工项目的生产要素管理；⑤ 施工项目的合同管理；⑥ 施工项目的信息管理；⑦ 施工现场的管理；⑧ 组织协调。

考点 53：施工项目管理的组织机构★

> **教材点睛**　教材 P133-137
>
> **1. 施工项目管理组织的主要形式：**直线式、职能式、矩阵式、事业部式等。
> **2. 施工项目经理部：**由企业授权，在施工项目经理的领导下建立的项目管理组织机构，是施工项目的管理层，其职能是对施工项目实施阶段进行综合管理。
> （1）项目经理部的性质：相对独立性、综合性、临时性。
> （2）建立施工项目经理部的基本原则
> 1）根据所设计的项目组织形式设置。
> 2）根据施工项目的规模、复杂程度和专业特点设置。
> 3）根据施工工程任务需要调整。
> 4）适应现场施工的需要。
> （3）项目经理部部门设置（5个基本部门）：经营核算部、技术管理部、物资设备供应部、质量安全部、安全后勤部。
> （4）项目部岗位设置及职责
> 1）项目部设置最基本的六大岗位：施工员、质量员、安全员、资料员、造价员、测量员，其他还有材料员、标准员、机械员、劳务员等。
> 2）岗位职责
> ① 施工项目经理：施工项目的最高责任人和组织者，是决定施工项目盈亏的关键性角色。

教材点睛 教材 P133-137（续）

②项目技术负责人：在项目部经理的领导下，负责项目部施工生产、工程质量、安全生产和机械设备管理等工作。

③施工员、质量员、安全员、资料员、造价员、测量员、材料员、标准员、机械员、劳务员都是项目的专业人员，是施工现场的管理者。

（5）项目经理部的解体：企业工程管理部门是项目经理部解体善后工作的主管部门，主要负责项目经理部解体后工程项目在保修期间问题的处理，包括因质量问题造成的返（维）修、工程剩余价款的结算以及回收等。

巩固练习

1.【判断题】施工项目管理是指建筑企业运用系统的观点、理论和方法对施工项目进行的决策、计划、组织、控制、协调等全过程的全面管理。（　　）

2.【判断题】在工程开工前，由项目经理组织编制施工项目管理实施规划，对施工项目管理从开工到交工验收进行全面的指导性规划。（　　）

3.【判断题】项目经理部是工程的主管部门，主要负责工程项目在保修期间问题的处理，包括因质量问题造成的返（维）修、工程剩余价款的结算以及回收等。（　　）

4.【判断题】在现代施工企业的项目管理中，施工项目经理是施工项目的最高责任人和组织者，是决定施工项目盈亏的关键性角色。（　　）

5.【判断题】施工现场包括红线以内占用的建筑用地和施工用地以及临时施工用地。（　　）

6.【单选题】下列关于施工项目管理的特点，说法错误的是（　　）。
A. 对象是施工项目　　　　　　B. 主体是建设单位
C. 内容是按阶段变化的　　　　D. 要求强化组织协调工作

7.【单选题】下列不属于施工项目管理组织的主要形式的是（　　）。
A. 直线式　　　　　　　　　　B. 线性结构式
C. 矩阵式　　　　　　　　　　D. 事业部式

8.【单选题】下列关于施工项目管理组织的形式的说法中，错误的是（　　）。
A. 线性项目组织适用于大型项目，工期要求紧，要求多工种、多部门配合的项目
B. 事业部式项目组织适用于大型经营型企业的工程承包
C. 部门控制式项目组织一般适用于专业性强的大中型项目
D. 矩阵式项目组织适用于同时承担多个需要进行项目管理工程的企业

9.【单选题】下列不属于项目经理部性质的是（　　）。
A. 法律强制性　　　　　　　　B. 相对独立性
C. 综合性　　　　　　　　　　D. 临时性

10.【单选题】下列不属于建立施工项目经理部的基本原则的是（　　）。
A. 根据所设计的项目组织形式设置

B. 适应现场施工的需要

C. 满足建设单位关于施工项目目标控制的要求

D. 根据施工工程任务需要调整

11.【单选题】下列不属于施工项目经理部综合性主要表现的是（　　）。

A. 随项目开工而成立，随项目竣工而解体

B. 管理职能是综合的

C. 管理施工项目的各种经济活动

D. 管理业务是综合的

12.【单选题】项目部设置的最基本的岗位不包括（　　）。

A. 统计员　　　　　　　　　　B. 施工员

C. 安全员　　　　　　　　　　D. 质量员

13.【多选题】施工项目管理周期包括（　　）、竣工验收、保修等。

A. 建设设想　　　　　　　　　B. 工程投标

C. 签订施工合同　　　　　　　D. 施工准备

E. 施工

14.【多选题】下列不属于施工项目管理的内容的是（　　）。

A. 建立施工项目管理组织　　　B. 编制《施工项目管理目标责任书》

C. 施工项目的生产要素管理　　D. 施工项目的施工情况的评估

E. 施工项目的信息管理

15.【多选题】下列各部门中，项目经理部不需设置的是（　　）。

A. 经营核算部门　　　　　　　B. 物资设备供应部门

C. 设备检查检测部门　　　　　D. 质量安全部门

E. 企业工程管理部门

【答案】1. √；2. √；3. ×；4. √；5. ×；6. B；7. B；8. C；9. A；10. C；11. A；12. A；13. BCDE；14. BD；15. CE

第二节　施工项目目标控制

考点 54：施工项目目标控制 ★●

教材点睛　教材 P138-144

1. 施工项目目标控制：主要包括施工项目进度控制、质量控制、成本控制、安全控制四个方面。

2. 施工项目目标控制的任务

（1）施工项目进度控制的任务：编制最优的施工进度计划；检查施工实际进度情况，对比计划进度，动态控制施工进程；出现偏差，分析原因和评估影响度，制定调整措施。

> **教材点睛** 教材P138-144（续）
>
> （2）施工项目质量控制的任务：准备阶段，编制施工技术文件，制定质量管理计划和质量控制措施，进行施工技术交底；施工阶段，对实施情况进行监督、检查和测量，找出存在的质量问题，分析质量问题的成因，采取补救措施。
>
> （3）施工项目成本控制的任务：开工前，预测目标成本，编制成本计划；项目实施过程中，收集实际数据，进行成本核算；对实际成本和计划成本进行比较，如果发生偏差，应及时进行分析，查明原因，并及时采取有效措施，不断降低成本；将各项生产费用控制在所规定的标准和预算之内，以保证实现规定的成本目标。
>
> （4）施工项目安全控制的任务（包括职业健康、安全生产和环境管理）
>
> 1）职业健康管理的主要任务：制定并落实职业病、传染病的预防措施；为员工配备必要的劳动保护用品，按要求购买保险；组织员工进行健康体检，建立员工健康档案等。
>
> 2）安全生产管理的主要任务：制定安全管理制度、编制安全管理计划和安全事故应急预案；识别现场的危险源，采取措施预防安全事故；进行安全教育培训、安全检查，提高员工的安全意识和素质。
>
> 3）环境管理的主要任务：规范现场的场容环境，保持作业环境的整洁卫生；预防环境污染事件，减少施工对周围居民和环境的影响等。
>
> **3. 施工项目目标控制的措施**
>
> （1）施工项目进度控制的措施：组织措施、技术措施、合同措施、经济措施和信息管理措施等。
>
> （2）施工项目质量控制的措施：提高管理、施工及操作人员素质；建立完善的质量保证体系；加强原材料质量控制；提高施工的质量管理水平；确保施工工序的质量；加强施工项目的过程控制（"三检"制）。
>
> （3）施工项目安全控制的措施：安全制度措施、安全组织措施、安全技术措施【详见P141-142 表5-1、表5-2】。
>
> （4）施工项目成本控制的措施：组织措施、技术措施、经济措施、合同措施。

巩固练习

1.【判断题】项目质量控制贯穿于项目施工的全过程。（　　）

2.【判断题】安全管理的对象是生产中一切人、物、环境、管理状态，安全管理是一种动态管理。（　　）

3.【单选题】施工项目的劳动组织不包括（　　）。
A. 劳务输入　　　　　　　　　　B. 劳动力组织
C. 劳务队伍的管理　　　　　　　D. 劳务输出

4.【单选题】施工项目目标控制包括：施工项目进度控制、施工项目质量控制、（　　）、施工项目安全控制四个方面。

A. 施工项目管理控制　　　　　　B. 施工项目成本控制
C. 施工项目人力控制　　　　　　D. 施工项目物资控制

5.【单选题】下列各项中，不属于施工项目质量控制的措施的是（　　）。
A. 提高管理、施工及操作人员自身素质
B. 提高施工的质量管理水平
C. 尽可能采用先进的施工技术、方法和新材料、新工艺、新技术，保证进度目标实现
D. 加强施工项目的过程控制

6.【单选题】施工项目过程控制中，加强专项检查，包括自检、（　　）、互检。
A. 专检　　　　　　　　　　　　B. 全检
C. 交接检　　　　　　　　　　　D. 质检

7.【单选题】下列不属于施工项目安全控制的措施的是（　　）。
A. 组织措施　　　　　　　　　　B. 技术措施
C. 管理措施　　　　　　　　　　D. 制度措施

8.【单选题】下列不属于施工准备阶段的安全技术措施的是（　　）。
A. 技术准备　　　　　　　　　　B. 物资准备
C. 资金准备　　　　　　　　　　D. 施工队伍准备

9.【多选题】下列关于施工项目目标控制的措施说法中，错误的是（　　）。
A. 建立完善的工程统计管理体系和统计制度属于信息管理措施
B. 主要有组织措施、技术措施、合同措施、经济措施和管理措施
C. 落实施工方案，在发生问题时，能适时调整工作之间的逻辑关系，加快实施进度属于技术措施
D. 签订并实施关于工期和进度的经济承包责任制属于合同措施
E. 落实各层次进度控制的人员及其具体任务和工作责任属于组织措施

【答案】1. ×；2. √；3. D；4. B；5. C；6. A；7. C；8. C；9. BD

第三节　施工资源与现场管理

考点 55：施工资源与现场管理 ★ ●

教材点睛　教材 P144-146

1. 施工项目资源管理
（1）施工项目资源管理的内容：劳动力、材料、机械设备、技术和资金等。
（2）施工资源管理的任务：确定资源类型及数量；确定资源的分配计划；编制资源进度计划；施工资源进度计划的执行和动态调整等。

2. 施工现场管理
（1）施工现场管理的任务

> **教材点睛** 教材 P144-146（续）
>
> 　　1）全面完成生产计划规定的任务，包含产量、产值、质量、工期、资金、成本、利润和安全等。
> 　　2）按施工规律组织生产，优化生产要素的配置，实现高效率和高效益。
> 　　3）搞好劳动组织和班组建设，不断提高施工现场人员的思想和技术素质。
> 　　4）加强定额管理，降低物料和能源的消耗，减少生产储备和资金占用，不断降低生产成本。
> 　　5）优化专业管理，建立完善管理体系，有效地控制施工现场的投入和产出。
> 　　6）加强施工现场的标准化管理，使人流、物流高效有序。
> 　　7）治理施工现场环境，改变"脏、乱、差"的状况，注意保护施工环境，做到施工不扰民。
> 　　（2）施工项目现场管理的内容：规划及报批施工用地；设计施工现场平面图；建立施工现场管理组织；建立文明施工现场；及时清场转移。

巩固练习

1. 【判断题】施工项目的生产要素主要包括劳动力、材料、技术和资金。（　　）
2. 【判断题】建筑辅助材料指在施工中被直接加工、构成工程实体的各种材料。
   （　　）
3. 【单选题】下列不属于施工资源管理任务的是（　　）。
   A. 确定资源类型及数量　　　　　B. 设计施工现场平面图
   C. 编制资源进度计划　　　　　　D. 施工资源进度计划的执行和动态调整
4. 【单选题】下列不属于施工项目现场管理内容的是（　　）。
   A. 规划及报批施工用地　　　　　B. 设计施工现场平面图
   C. 建立施工现场管理组织　　　　D. 为项目经理决策提供信息依据
5. 【单选题】资金管理主要环节不包括（　　）。
   A. 资金回笼　　　　　　　　　　B. 编制资金计划
   C. 资金使用　　　　　　　　　　D. 筹集资金
6. 【单选题】下列属于确定资源分配计划的工作的是（　　）。
   A. 确定项目所需的管理人员和工种　B. 编制物资需求分配计划
   C. 确定项目施工所需的各种物资资源　D. 确定项目所需资金的数量
7. 【多选题】下列属于施工项目资源管理的内容的是（　　）。
   A. 劳动力　　　　　　　　　　　B. 材料
   C. 技术　　　　　　　　　　　　D. 机械设备
   E. 施工现场
8. 【多选题】下列不属于施工资源管理的任务的是（　　）。
   A. 规划及报批施工用地　　　　　B. 确定资源类型及数量

C. 确定资源的分配计划 　　　　　D. 建立施工现场管理组织
E. 施工资源进度计划的执行和动态调整

9.【多选题】下列属于施工现场管理的内容的是（　　）。

A. 落实资源进度计划 　　　　　B. 设计施工现场平面图
C. 建立文明施工现场 　　　　　D. 施工资源进度计划的动态调整
E. 及时清场转移

【答案】1. ×；2. ×；3. B；4. D；5. A；6. B；7. ABCD；8. AD；9. BCE

第六章 建筑力学

第一节 平面力系

考点56：平面力系 ★●

> **教材点睛** 教材 P147–156
>
> **1. 力的基本性质**
> （1）力的基本概念
> 1）力的三要素：力的大小、力的方向和力的作用点。力的单位为牛顿（N）。
> 2）静力学公理：作用力与反作用力公理、二力平衡公理、加减平衡力系公理、力的可传递性原理（加减平衡力系公理和力的可传递性原理都只适用于刚体）。
> （2）约束与约束反力
>
>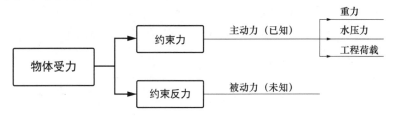
>
> （3）受力分析
> 1）受力图绘制步骤：明确分析对象，画出分离简图；在分离体上画出全部主动力、约束反力，注意约束反力与约束应相对应。
> 2）力的平行四边形法则：作用于物体上的同一点的两个力，可以合成为一个合力，合力的大小和方向由这两个力为边所构成的平行四边形的对角线来表示。
> （4）计算简图：用结构计算简图来代替实际结构，重点显示其基本特点，它是力学计算的基础。
>
> **2. 平面汇交力系**（凡各力的作用线都在同一平面内的力系）
> （1）平面汇交力系的合成
> 1）力在坐标轴上的投影：力的投影从开始端到末端的指向，与坐标轴正向相同为正，反之为负。
> 2）平面汇交力系合成的解析法：根据合力投影定理（合力在任意轴上的投影等于各分力在同一轴上投影的代数和），将平面汇交力系中的力合成为一合力。
> 3）力的分解：利用四边形法则进行力的分解。
> 4）力的分解和力的投影的区别与联系：分力是矢量，而投影为代数量；分力的大小等于该力在坐标轴上投影的绝对值，投影的正负号反映了分力的指向。

> **教材点睛** 教材 P147-156（续）
>
> （2）平面汇交力系的平衡
>
> 1）平面一般力系的平衡条件：平面一般力系中各力在两个任选的直角坐标轴上的投影的代数和分别等于零，各力对任意一点力矩的代数和也等于零。
>
> 2）平面力系平衡的特例：平面汇交力系（所有力交汇于 O 点）、平面平行力系、平面力偶系。
>
> 3）荷载集度为常量，称为均匀分布荷载。均布荷载可简化计算：合力的大小 $F_q = qa$，合力作用于受载长度的中点。
>
> **3. 力偶、力矩的特性及应用**
>
> （1）力偶和力偶系
>
> 1）力偶的三要素：力偶矩的大小、转向和力偶的作用面的方位（凡是三要素相同的力偶，彼此相同，可以互相代替）。
>
> 2）力偶的性质
>
> ① 力偶无合力，只能用力偶来平衡，力偶在任意轴上的投影等于零。
>
> ② 力偶对其平面内任意点之矩，恒等于其力偶矩，而与矩心的位置无关。
>
> 3）力偶系的作用效果只能是产生转动，其转动效应的大小等于各力偶转动效应的总和。
>
> （2）合力矩定理：合力对平面内任意一点之矩，等于所有分力对同一点之矩的代数和。

巩固练习

1.【判断题】力是物体之间相互的机械作用，这种作用的效果是使物体的运动状态发生改变，而无法改变其形态。（ ）

2.【判断题】两个物体之间的作用力和反作用力，总是大小相等，方向相反，沿同一直线，并同时作用在任意一个物体上。（ ）

3.【判断题】链杆可以受到拉压、弯曲、扭转。（ ）

4.【判断题】梁通过混凝土垫块支承在砖柱上，不计摩擦时可视为可动铰支座。（ ）

5.【判断题】在平面力系中，各力的作用线都汇交于一点的力系，称为平面汇交力系。（ ）

6.【判断题】力偶不可以用一个合力来平衡。（ ）

7.【单选题】图示为一轴力杆，其中最大的拉力为（   ）。

A. 12kN B. 20kN
C. 8kN D. 13kN

8.【单选题】图示结构中 BC 和 AC 杆分别属于（　　）。

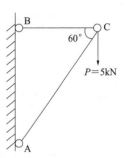

A. 压杆，拉杆 B. 压杆，压杆
C. 拉杆，拉杆 D. 拉杆，压杆

9.【单选题】平行于横截面的竖向外力称为（　　），此力是梁横截面上的切向分布内力的合力。

A. 拉力 B. 压力
C. 剪力 D. 弯矩

10.【多选题】两物体间的作用力和反作用力总是（　　）。

A. 大小相等 B. 方向相反
C. 沿同一直线分别作用在两个物体上 D. 作用在同一物体上
E. 方向一致

11.【多选题】下列关于平面汇交力系的说法中，正确的是（　　）。

A. 各力的作用线不汇交于一点的力系，称为平面一般力系
B. 力在 x 轴上投影绝对值为 $F_x = F\cos\alpha$
C. 力在 y 轴上投影绝对值为 $F_y = F\cos\alpha$
D. 合力在任意轴上的投影等于各分力在同一轴上投影的代数和
E. 力的分解即为力的投影

12.【多选题】下列有关力偶的性质叙述中，不正确的是（　　）。

A. 力偶对任意点取矩都等于力偶矩，不因矩心的改变而改变
B. 力偶有合力，力偶可以用一个合力来平衡
C. 只要保持力偶矩不变，力偶可在其作用面内任意移转，对刚体的作用效果不变
D. 只要保持力偶矩不变，可以同时改变力偶中力的大小与力偶臂的长短
E. 作用在同一物体上的若干个力偶组成一个力偶系

【答案】1. ×；2. √；3. ×；4. √；5. √；6. √；7. B；8. D；9. A；10. ABC；11. BD；12. BCE

第二节　杆件的内力

考点 57：杆件的内力 ★ ●

> **教材点睛**　教材 P156–159
>
> **1. 单跨静定梁的内力**
> （1）静定梁的受力
> 1）静定结构在几何特性上属于无多余联系的几何不变体系。

教材点睛 教材 P156-159（续）

2）单跨静定梁的形式：简支、伸臂和悬臂。

3）静定梁的受力（横截面上的内力）：轴力、剪力、弯矩（画图时需注明受力方向）。

（2）用截面法计算表达式

$\sum F_x =$ 截面一侧所有外力在杆轴平行方向上投影的代数和。

$\sum F_y =$ 截面一侧所有外力在杆轴垂直方向上投影的代数和。

$\sum M =$ 截面一侧所有外力对截面形心力矩的代数和，使隔离体下侧受拉为正。为便于判断哪边受拉，可假想该脱离体在截面处固定为悬臂梁。

2. 多跨静定梁内力的基本概念

（1）概念：指由若干根梁用铰相连，并用若干支座与基础相连而组成的静定结构。

（2）受力分析遵循先附属部分、后基本部分的分析计算顺序。

（3）多跨静定梁内力可使其自身和基本部分均产生内力和弹性变形。

3. 静定平面桁架内力的基本概念

桁架是由链杆组成的格构体系，当荷载仅作用在结点上时，杆件仅承受轴向力，截面上只有均匀分布的正应力，这是最理想的一种结构形式。

巩固练习

1.【判断题】以轴线变形为主要特征的变形形式称为弯曲变形（简称弯曲）。（　　）

2.【判断题】多跨静定梁是若干根梁用铰链连接，并用若干支座与基础相连而组成的。（　　）

3.【单选题】多跨静定梁的受力分析遵循先（　　），后（　　）的分析顺序。

A. 附属部分，基本部分　　　　B. 基本部分，附属部分

C. 整体，局部　　　　　　　　D. 局部，整体

4.【多选题】图示简单桁架，杆 1 和杆 2 的横截面面积均为 A，许用应力均为 $[\sigma]$，设 N_1、N_2 分别表示杆 1 和杆 2 的轴力，$\alpha + \beta = 90°$，则在下列结论中，正确的是（　　）。

A. 载荷 $P = N_1\cos\alpha + N_2\cos\beta$

B. 载荷 $P = N_1\sin\alpha + N_2\cos\beta$

C. $N_1\sin\alpha = N_2\sin\beta$

D. 许可载荷 $[P] = [\sigma]A(\cos\alpha + \cos\beta)$

E. 许可载荷 $[P] \leqslant [\sigma]A(\cos\alpha + \cos\beta)$

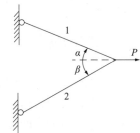

【答案】1. ×；2. √；3. A；4. ACE

第三节　杆件强度、刚度和稳定的基本概念

考点 58：杆件的强度、刚度和稳定性 ★ ●

> **教材点睛** 教材 P159-163
>
> **1. 变形固体的基本假设**：主要有均匀性假设、连续性假设、各向同性假设、小变形假设。
> （1）弹性变形：随外力的解除而变形也随之消失的变形。
> （2）塑性变形：部分变形随外力的解除而不随之消失的变形。
> **2. 杆件的基本受力形式**：轴向拉伸与压缩、剪切、扭转、弯曲。
> **3. 杆件强度**：结构杆件在规定的荷载作用下，保证不因材料强度发生破坏的要求。
> **4. 杆件刚度**：指构件抵抗变形的能力。
> （1）梁的挠度变形主要由弯矩引起，通常我们计算梁的最大挠度 $f_{max} = \dfrac{5ql^4}{384EI}$。
> （2）影响弯曲变形（位移）的因素：材料性能、截面大小和形状、构件的跨度。
> **5. 杆件稳定性**：指构件保持原有平衡状态的能力。保持稳定的平衡状态，就要满足所受最大压力 F_{max} 小于临界压力 F_{cr}。
> **6. 应力、应变的基本概念**
> （1）内力与构件的强度（破坏与否的问题）、刚度（变形大小的问题）紧密相连。要保证构件的承载必须控制构件的内力。
> （2）应力的概念：单位面积上的内力称为应力。它是内力在某一点的分布集度。单位为帕（Pa）。
> （3）应变：① 线应变：杆件在轴向或横向拉力或压力作用下产生的尺寸增减，分为纵向变形和横向变形。② 切应变：在一对剪切力的作用下，角度的变化而引起的变形称为剪切变形。直角的改变量称为切应变，单位为弧度。
> （4）胡克定律：在一定条件下，应力与应变成正比。$\sigma = E\varepsilon$。

巩固练习

1.【判断题】变形固体的基本假设是为了使计算简化，但会影响计算和分析结果。
　　　　　　　　　　　　　　　　　　　　　　　　　　　　　　　　　　　　(　　)
2.【判断题】压杆的柔度越大，压杆的稳定性越差。　　　　　　　　　　　　(　　)
3.【判断题】所受最大力大于临界压力，受压杆件保持稳定平衡状态。　　　　(　　)
4.【单选题】假设固体内部各部分之间的力学性质处处相同，为(　　)。
　A. 均匀性假设　　　　　　　　　　　B. 连续性假设
　C. 各向同性假设　　　　　　　　　　D. 小变形假设
5.【单选题】常用的应力单位是兆帕（MPa），1MPa =(　　)。

A. 10^3N/m^2 B. 10^6N/m^2
C. 10^9N/m^2 D. 10^{12}N/m^2

6.【单选题】关于弹性体受力后某一方向的应力与应变关系，下列论述中，正确的是（　　）。

A. 有应力一定有应变，有应变不一定有应力
B. 有应力不一定有应变，有应变不一定有应力
C. 有应力不一定有应变，有应变不一定有应力
D. 有应力一定有应变，有应变一定有应力

7.【多选题】变形固体的基本假设主要有（　　）。

A. 均匀性假设 B. 连续性假设
C. 各向同性假设 D. 小变形假设
E. 各向异性假设

8.【多选题】横截面面积相等、材料不同的两等截面直杆，承受相同的轴向拉力，则两杆的（　　）。

A. 轴力相同 B. 横截面上的正应力也相同
C. 轴力不同 D. 横截面上的正应力也不同
E. 线应变相同

9.【多选题】对于在弹性范围内受力的拉（压）杆，以下说法中，正确的是（　　）。

A. 长度相同、受力相同的杆件，抗拉（压）刚度越大，轴向变形越小
B. 材料相同的杆件，正应力越大，轴向正应变也越大
C. 杆件受力相同，横截面面积相同但形状不同，其横截面上轴力相等
D. 正应力是由于杆件所受外力引起的，故只要所受外力相同，正应力也相同
E. 质地相同的杆件，应力越大，应变也越大

【答案】1. ×；2. √；3. ×；4. A；5. B；6. B；7. ABCD；8. AB；9. ABC

第七章　建筑构造与建筑结构

第一节　建 筑 构 造

考点 59：民用建筑的基本构造★

> **教材点睛**　教材 P164-165
>
> **1. 民用建筑七个主要构造**：基础、墙体（柱）、屋顶、门与窗、地坪、楼板层、楼梯。
> **2. 民用建筑次要构造**：阳台、雨篷、台阶、散水、通风道等。
> **3. 主要构造的功能及作用**
> （1）基础：位于建筑物的最下部，是建筑的重要承重构件，属于建筑的隐蔽部分。
> （2）墙体或柱：具有承重、围护和分隔的功能。
> 1）墙体：具有足够的强度、刚度、稳定性、良好的热工性能及防火、隔声、防水、耐久能力。
> 2）柱：建筑物的竖向承重构件，要求具有足够的强度、稳定性。
> （3）屋顶：由屋面、保温（隔热）层和承重结构三部分组成，具有抵御自然界风、雨、雪、日晒等不良因素的能力。
> （4）门与窗：具有分隔房间、围护、采光、通风等作用，属于非承重结构的建筑构件。
> （5）地坪：具有承担底层房间的地面荷载、防水、保温的功能。
> （6）楼板：楼房建筑中的水平承重构件，兼有竖向划分建筑内部空间的功能。
> （7）楼梯：是楼房建筑的垂直交通设施，也是紧急情况下的安全疏散通道。

考点 60：常见基础的构造★

> **教材点睛**　教材 P165-167
>
> **1. 基础**：建筑承重结构在地下的延伸，承担建筑上部结构的全部荷载，并把这些荷载有效地传给地基。
> **2. 地基与基础的传力关系**
> （1）基础要有足够的强度和整体性，同时还要有良好的耐久性以及抵抗地下各种不利因素的能力。
> （2）地基的强度（俗称地基承载力）、变形性能直接关系到建筑的使用安全和整体的稳定性。

> **教材点睛** 教材 P165-167（续）
>
> （3）地基类型：分为天然地基、人工地基两类。
>
> **3. 无筋扩展基础**：多采用砖、毛石和混凝土制成，由于其自重大，耗材多，目前较少采用。
>
> **4. 扩展基础**：利用设置在基础底面的钢筋来抵抗基底的拉应力，适宜在宽基浅埋的工程中采用。钢筋混凝土基础属于扩展基础，主要有条形、独立、井格、筏形及箱形等基础形式。
>
> **5. 桩基础**：具有施工速度快、土方量小、适应性强等优点。根据桩的工作状态，桩可分为端承桩和摩擦桩。

巩固练习

1. 【判断题】民用建筑通常由地基、墙或柱、楼板层、楼梯、屋顶、地坪、门窗等主要部分组成。（　　）

2. 【判断题】桩基础具有施工速度快、土方量小、适应性强等优点。（　　）

3. 【单选题】门与窗的作用不包括（　　）。
   A. 采光、通风　　　　　　　　B. 围护
   C. 分隔房间　　　　　　　　　D. 防火隔声

4. 【单选题】地基是承担（　　）传来的建筑全部荷载。
   A. 基础　　　　　　　　　　　B. 大地
   C. 建筑上部结构　　　　　　　D. 地面一切荷载

5. 【单选题】基础承担建筑上部结构的（　　），并把这些（　　）有效地传给地基。
   A. 部分荷载，荷载　　　　　　B. 全部荷载，荷载
   C. 混凝土强度，强度　　　　　D. 混凝土耐久性，耐久性

6. 【单选题】属于桩基础组成的是（　　）。
   A. 底板　　　　　　　　　　　B. 承台
   C. 垫层　　　　　　　　　　　D. 桩间土

7. 【多选题】屋顶由（　　）组成。
   A. 主要结构　　　　　　　　　B. 屋面
   C. 保温（隔热）层　　　　　　D. 承重结构
   E. 次要结构

8. 【多选题】按照基础的形式，可以分为（　　）。
   A. 独立基础　　　　　　　　　B. 扩展基础
   C. 无筋扩展基础　　　　　　　D. 条形基础
   E. 井格式基础

9. 【多选题】钢筋混凝土基础可以加工成（　　）等形式。
   A. 条形　　　　　　　　　　　B. 环形

C. 圆柱形 D. 独立
E. 井格

【答案】1. ×；2. √；3. D；4. A；5. B；6. B；7. BCD；8. ADE；9. ADE

考点 61：墙体和地下室的构造 ★ ●

教材点睛 教材 P167–177

1. 墙体分类

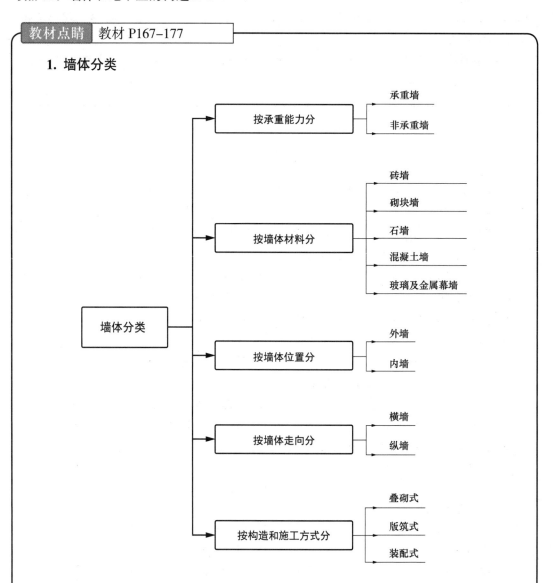

2. 墙体需要满足四个方面的要求：① 有足够的强度和稳定性；② 满足热工方面的要求；③ 有足够的防火能力；④ 有良好的物理性能。

3. 墙体技术进步的核心任务："轻质高强、节能环保、经济合理、便于施工"。

4. 砌块墙的细部构造：包括散水（散水坡）、墙身防潮层、勒脚、窗台、门窗过梁、圈梁、通风道、构造柱、复合墙体等。

教材点睛　教材 P167-177（续）

5. 版筑墙：指利用模板定位、定型，现场浇筑的墙体；现浇钢筋混凝土剪力墙就属于典型的版筑墙，具有强度高、整体性好、抗震性能好等优点。其缺点是剪力墙造价较高，对施工精度和设备配置要求高；外墙需要复合保温隔热层。

6. 装配墙：装配式剪力墙在构件加工基地完成预制装配式墙体的生产，在施工现场完成安装，其结构性能等同于现浇剪力墙。目前，我国装配式剪力墙多采用"湿式连接"。

7. 隔墙的构造
（1）隔墙的分类：砌筑隔墙、立筋隔墙和条板隔墙。
（2）隔墙的构造要求：自重轻、厚度薄、有良好的物理性能与装拆性。
（3）常见隔墙的构造：砌块隔墙、轻钢龙骨石膏板隔墙、水泥玻璃纤维空心条板隔墙。

8. 幕墙（玻璃幕墙）
（1）玻璃幕墙的分类：有框式玻璃幕墙、点式玻璃幕墙、全玻璃式幕墙。
（2）玻璃幕墙的主要材料：玻璃、支撑材料、连接构件和粘结密封材料。
（3）玻璃幕墙构造要求：结构的安全性、防雷与防火、通风换气。

9. 地下室防潮及防水构造
（1）防潮构造：在地下室墙体外表面抹 20mm 厚 1:2 防水砂浆，地下室的底板做防潮处理，然后把地下室墙体外侧周边用透水性差的黏土、灰土分层回填夯实。
（2）地下室防水构造方案：隔水法、排水法、综合法。

巩固练习

1.【判断题】悬挑窗台底部边缘应做滴水。　　　　　　　　　　　　　　　（　　）
2.【判断题】勒脚的作用是防止雨水侵蚀这部分墙体，但其不具有美化建筑立面的功效。　　　　　　　　　　　　　　　　　　　　　　　　　　　　　　（　　）
3.【判断题】内保温复合墙体的优点是保温材料设置在墙体的内侧，保温材料不受外界因素的影响，保温效果可靠。　　　　　　　　　　　　　　　　　　（　　）
4.【判断题】外保温复合墙体的优点是保温材料设置在墙体的内侧，保温材料不受外界因素的影响，保温效果可靠。　　　　　　　　　　　　　　　　　　（　　）
5.【单选题】下列材料中不可用做墙身防潮层的是（　　）。
A. 油毡　　　　　　　　　　　　B. 防水砂浆
C. 细石混凝土　　　　　　　　　D. 碎砖灌浆
6.【单选题】当首层地面为实铺时，防潮层的位置通常选择在（　　）处。
A. -0.030m　　　　　　　　　　B. -0.040m
C. -0.050m　　　　　　　　　　D. -0.060m
7.【单选题】严寒或寒冷地区外墙中，采用（　　）过梁。

A. 矩形 B. 正方形
C. T形 D. L形

8.【单选题】我国中原地区应用比较广泛的复合墙体是（　　）。

A. 中填保温材料复合墙体 B. 内保温复合墙体
C. 外保温复合墙体 D. 双侧保温材料复合墙体

9.【单选题】炉渣和陶粒混凝土砌块厚度通常为（　　）mm，加气混凝土砌块厚度多采用（　　）mm。

A. 90，100 B. 100，90
C. 80，120 D. 120，80

10.【单选题】防潮构造：首先要在地下室墙体表面抹（　　）防水砂浆。

A. 30mm 厚 1：2 B. 25mm 厚 1：3
C. 30mm 厚 1：3 D. 20mm 厚 1：2

11.【多选题】下列关于窗台的说法中，正确的是（　　）。

A. 悬挑窗台挑出的尺寸不应小于 80mm

B. 悬挑窗台常用砖砌或采用预制钢筋混凝土制作

C. 内窗台的窗台板一般采用预制水磨石板或预制钢筋混凝土板制作

D. 外窗台的主要作用是排除下部雨水

E. 外窗台应向外形成一定坡度

12.【多选题】下列说法中，正确的是（　　）。

A. 当砖砌墙体的长度超过 3m，应当采取加固措施

B. 加气混凝土防水防潮的能力较差，因此在潮湿环境中慎重采用

C. 加气混凝土防水防潮的能力较差，因此潮湿一侧表面应做防潮处理

D. 石膏板用于隔墙时，多选用 15mm 厚石膏板

E. 为了避免石膏板开裂，板的接缝处应加贴盖缝条

13.【多选题】下列说法中，正确的是（　　）。

A. 保证幕墙与建筑主体之间连接牢固

B. 形成自身防雷体系，无需与主体建筑的防雷装置有效连接

C. 幕墙后侧与主体建筑之间不能存在缝隙

D. 在幕墙与楼板之间的缝隙内填塞岩棉，并用耐热钢板封闭

E. 幕墙的通风换气可以用开窗的办法解决

【答案】1. √；2. ×；3. √；4. ×；5. D；6. D；7. D；8. B；9. A；10. D；11. BCE；12. BCE；13. ACDE

考点 62：楼板的构造 ★ ●

教材点睛 教材 P177-181

1. 楼板构造

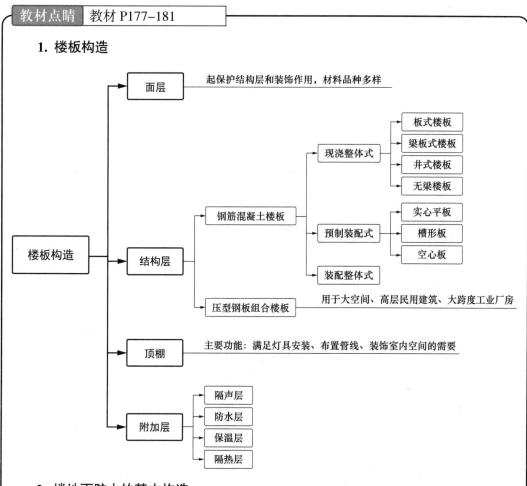

2. 楼地面防水的基本构造

（1）地面排水：地面应有一定坡度，一般为 1%～1.5%，并设置地漏，进行有组织排水。有水房间地面完成面应比相邻房间地面低 10～20mm。

（2）地面防水：常见的防水材料有卷材、防水砂浆和防水涂料；地面防水层应沿周边向上泛起至少 150mm；当遇到门洞口时，应将防水层向外延伸 250mm 以上；穿越楼地面的竖向管道需预埋比竖管管径稍大的套管，高出地面 30mm 左右，并在缝隙内填塞弹性防水材料。

巩固练习

1.【判断题】楼面层对楼板结构起保护和装饰作用。　　　　　　　　　　（　　）
2.【单选题】大跨度工业厂房应用（　　）。
A. 钢筋混凝土楼板　　　　　　　　B. 压型钢板组合楼板

C. 木楼板 D. 竹楼板

3.【单选题】下列关于预制板的叙述中,错误的是( )。

A. 空心板是一种梁板结合的预制构件
B. 槽形板是一种梁板结合的构件
C. 结构布置时应优先选用窄板,宽板作为调剂使用
D. 预制板的板缝内用细石混凝土现浇

4.【单选题】为了提高板的刚度,通常在板的两端设置( )封闭。

A. 中肋 B. 劲肋
C. 边肋 D. 端肋

5.【单选题】对防水要求较高的房间,应在楼板与面层之间设置防水层,并将防水层沿周边向上泛起至少( )mm。

A. 100 B. 150
C. 200 D. 250

6.【多选题】下列说法中,正确的是( )。

A. 房间的平面尺寸较大时,应用板式楼板
B. 井式楼板有主梁、次梁之分
C. 平面尺寸较大且平面形状为方形的房间,应用井式楼板
D. 无梁楼板直接将板面载荷传递给柱子
E. 无梁楼板的柱网应尽量按井字网格布置

7.【多选题】对于板的搁置要求,下列说法中,正确的是( )。

A. 搁置在墙上时,支撑长度一般不能小于80mm
B. 搁置在梁上时,一般支撑长度不宜小于100mm
C. 空心板在安装前应在板的两端用砖块或混凝土堵孔
D. 板的端缝处理一般是用细石混凝土灌缝
E. 板的侧缝起着协调板与板之间共同工作的作用

【答案】1. √;2. B;3. C;4. D;5. B;6. CD;7. CDE

考点63:垂直交通设施的一般构造 ★ ●

> **教材点睛** 教材 P181-189
>
> **1. 建筑垂直交通设施**:主要包括楼梯、电梯与自动扶梯。
>
> **2. 钢筋混凝土楼梯的构造(分为现浇和预制装配式两大类)**
>
> (1)现浇钢筋混凝土楼梯:整体性好、承载力高、刚度大,施工时不需要大型起重设备,分为板式楼梯和梁式楼梯两种类型。板式楼梯适用于荷载较小或层高较小的建筑;梁式楼梯适用于荷载较大、建筑层高较大的情况。
>
> (2)预制装配式钢筋混凝土楼梯:在装配式建筑中通常采用大型构件装配式楼梯,一般为"干式连接"的构造方式。

> **教材点睛** 教材 P181-189（续）
>
> （3）楼梯的细部构造：包括踏步面层、踏步细部、栏杆和扶手。
>
> **3. 坡道及台阶构造**
>
> （1）台阶：常见平面形式有单面设踏步、两面设踏步、三面设踏步、单面设踏步附带花池等；构造形式分为实铺和架空两类，其中实铺型台阶构造包括基层、垫层和面层；台阶面层有整体和铺贴两大类。
>
> （2）坡道：分为行车坡道和轮椅坡道两类；构造要求与台阶基本相同。垫层的强度和厚度应根据坡道长度及上部荷载的大小进行选择。
>
> **4. 电梯与自动扶梯构造**
>
> （1）电梯：按用途可以分为乘客电梯、病床电梯、客货电梯、载货电梯、杂物电梯。电梯主要由井道、机房和轿厢三部分组成。其中轿厢及拖动装置等设备由专业公司负责安装。
>
> （2）自动扶梯：由电机驱动、踏步与扶手同步运行，可上、下行，室内、室外均可安装，停机时可作为临时楼梯使用。驱动方式分为链条式和齿条式两种。建筑平面布局方式有并联排列式、平行排列式、串联排列式、交叉排列式等。如果上、下两层建筑面积总和超过防火分区面积要求时，应按照防火要求用防火卷帘封闭自动扶梯井。

巩固练习

1. 【判断题】中型、大型构件装配式楼梯一般是将踏步板和平台板作为基本构件。
（   ）
2. 【判断题】楼梯栏杆多采用金属材料制作。（   ）
3. 【判断题】电梯机房应留有足够的管理、维护空间。（   ）
4. 【单选题】下列不属于梁承式楼梯构件关系的是（   ）。
   A. 踏步板搁置在斜梁上　　　　B. 平台梁搁置在两边侧墙上
   C. 斜梁搁置在平台梁上　　　　D. 踏步板搁置在两侧的墙上
5. 【单选题】预制装配式钢筋混凝土楼梯根据（   ）可分成小型构件装配式楼梯和中大型构件装配式楼梯。
   A. 组成楼梯的构件尺寸及装配程度　　B. 施工方法
   C. 构件的重量　　　　　　　　　　　D. 构件的类型
6. 【单选题】下列不属于小型构件装配式楼梯的是（   ）。
   A. 墙承式楼梯　　　　　　　　B. 折板式楼梯
   C. 梁承式楼梯　　　　　　　　D. 悬臂式楼梯
7. 【多选题】下列说法中，正确的是（   ）。
   A. 坡道和爬梯是垂直交通设施
   B. 一般认为28°左右是楼梯的适宜坡度

C. 楼梯平台的净宽度不应小于楼梯段的净宽，并不小于1.5m

D. 楼梯井宽度一般在100mm左右

E. 非主要通行的楼梯，应满足两个人相对通行

8.【多选题】下列说法中，正确的是（　　）。

A. 现浇钢筋混凝土楼梯整体性好、承载力高、刚度大，因此需要大型起重设备

B. 小型构件装配式楼梯具有构件尺寸小，质量轻，构件生产、运输、安装方便的优点

C. 中型、大型构件装配式楼梯装配容易，施工时不需要大型起重设备

D. 金属板是常见的踏步面层

E. 室外楼梯不应使用木扶手，以免淋雨后变形或开裂

9.【多选题】下列说法中，正确的是（　　）。

A. 行车坡道是为了解决车辆进出或接近建筑而设置的

B. 普通行车坡道布置在重要办公楼、旅馆、医院等

C. 光滑材料面层坡道的坡度一般不大于1：3

D. 回车坡道通常与台阶踏步组合在一起，可以减少使用者下车之后的行走距离

E. 回车坡道的宽度与车道的回转半径及通行车辆的规格无关

【答案】1. ×；2. √；3. √；4. D；5. A；6. B；7. AD；8. BE；9. AD

考点64：门与窗的构造 ★ ●

教材点睛 教材 P189-196

1. 门在建筑中的作用： ①正常通行和安全疏散，解决建筑内外之间、内部各个空间之间的交通联系；②隔离与围护，以保证建筑内部各房间之间避免相互干扰，分隔建筑内外不同的温度区；③对建筑空间的装饰；④间接采光和实现空气对流。

2. 窗在建筑中的作用： ①采光和日照；②通风；③围护；④对建筑空间的装饰作用。

3. 塑钢门窗的基本构造

（1）主要特点：具有良好的热工性能和密闭性能，防火性能好、耐潮湿、耐腐蚀。

（2）基本构造：单层框，双层玻璃。在严寒地区，可采用三层玻璃。

（3）彩色塑钢窗：主要包括双色共挤彩色塑钢窗、彩色薄膜塑钢窗、喷塑着色彩色塑钢窗等类型。

（4）铝塑门窗：具有外形美观、气密性好、隔声效果好、节能效果好的特点。

4. 铝合金门窗

（1）主要特点：具有自重轻、强度高、外形美观、色彩多样、加工精度高、密封性能好、耐腐蚀、易保养的优点。

（2）常见的开启方式有平开、地弹簧、滑轴平开、上悬式平开、上悬式滑轴平开、推拉等。

教材点睛 教材 P189-196（续）

5. 门窗与建筑主体的连接构造

（1）塑钢门窗与墙体的连接：一般通过固定铁件连接，也可以用射钉、塑料及金属膨胀螺钉固定。为了使框料和墙体的连缝封堵严密，需要在安装完门窗框之后，用泡沫塑料发泡剂认真地嵌缝填实，并用玻璃胶封闭。

（2）铝合金门窗与墙体的连接：连接主要采用预埋铁件、燕尾铁脚、金属膨胀螺栓、射钉固定等方法。收口方式同塑料窗。

（3）木门窗与墙体的连接：木框与墙体接触部位及预埋的木砖均应事先做防腐处理，外门窗还要用毛毡或其他密封材料嵌缝。

巩固练习

1.【判断题】门在建筑中的作用主要是解决建筑内外之间、内部各个空间之间的交通联系。（   ）

2.【判断题】立口具有施工速度快，门窗框与墙体连接紧密、牢固的优点。（   ）

3.【单选题】下列关于门窗的叙述中，错误的是（   ）。
A. 门窗是建筑物的主要围护构件之一
B. 门窗都有采光和通风的作用
C. 窗必须有一定的窗洞口面积；门必须有足够的宽度和适宜的数量
D. 我国门窗主要依靠手工制作，没有标准图可供使用

4.【单选题】下列不属于塑料门窗材料的是（   ）。
A. PVC   B. 添加剂
C. 橡胶   D. 氯化聚乙烯

5.【单选题】塞口处理不好，容易形成（   ）。
A. 热桥   B. 裂缝
C. 渗水   D. 腐蚀

6.【多选题】下列说法中，正确的是（   ）。
A. 门在建筑中的主要作用是正常通行和安全疏散，但没有装饰作用
B. 门的最小宽度应能满足两人相对通行
C. 大多数房间门的宽度应为 900～1000mm
D. 当门洞的宽度较大时，可以采用双扇门或多扇门
E. 门洞的高度一般在 1000mm 以上

7.【多选题】下列属于铝合金门窗的基本构造的是（   ）。
A. 铝合金门的开启方式多采用地弹簧自由门
B. 铝合金门窗玻璃的固定有空心铝压条和专用密封条两种方法
C. 现在大部分铝合金门窗玻璃的固定采用空心铝压条
D. 平开、地弹簧、直流拖动都是铝合金门窗的开启方式

E. 采用专用密封条会直接影响窗的密封性能

8.【多选题】下列说法中,正确的是( )。
A. 在寒冷地区要用泡沫塑料发泡剂嵌缝填实,并用玻璃胶封闭
B. 框料与砖墙连接时应采用射钉的方法固定窗框
C. 当框与墙体连接采用"立口"时,每间隔5m左右在边框外侧安置木砖
D. 当采用"塞口"时,一般是在墙体中预埋木砖
E. 木框与墙体接触部位及预埋的木砖均自然处理

【答案】1. √;2. ×;3. D;4. C;5. B;6. CD;7. AB;8. AD

考点65:屋顶的基本构造 ★●

> **教材点睛** 教材 P196-211
>
> **1. 屋面结构与构造要求**:良好的围护功能;可靠的结构安全性;美观的艺术形象;施工和保养便捷;保温(隔热)和防雨性能可靠;自重轻、耐久性好、经济合理。
>
> **2. 屋顶的类型**
> (1)按照屋顶的外形分类:平屋顶、坡屋顶和曲面屋顶。
> (2)按照屋面防水材料分类:柔性防水屋面、刚性防水屋面、构件自防水屋面、瓦屋面。
>
> **3. 屋顶的防水及排水构造**
> (1)屋顶的排水方式:分为无组织排水和有组织排水(外排水、内排水)两种类型。
> (2)平屋顶的防水构造:分为刚性防水屋面、柔性防水屋面两种类型。
>   1)刚性防水屋面构造:分为防水层、隔离层、找平层和结构层四个构造层次。
>   2)柔性防水屋面构造:分为保护层、防水层、找平层和结构层四个构造层次。
> (3)坡屋顶的防水构造:有彩色压型钢板屋面、沥青瓦屋面、小青瓦(筒瓦)屋面、平瓦屋面、波形瓦屋面等。
>
> **4. 屋顶的保温与隔热构造**
> (1)平屋顶的保温构造
>   1)保温材料:通常可分为散料(膨胀珍珠岩、炉渣等)、现场浇筑的拌合物和板块料(聚苯板、加气混凝土板、泡沫塑料板等)三种。
>   2)保温层位置:①保温层设在结构层与防水层之间;②保温层设置在防水层上面;③保温层与结构层结合。
> (2)平屋顶的隔热构造:有设置架空隔热层、利用实体材料隔热、利用材料反射降温隔热等形式。
> (3)坡屋顶的保温按放置位置分为上弦保温、下弦保温和构件自保温三种形式。
> (4)坡屋顶的隔热构造:通常设置"黑顶棚"或带架空层的双层坡屋面,在山墙设窗或在屋面设置老虎窗作为进风口,在屋脊处设排风口,利用压力差组织空气对流。

教材点睛 教材 P196—211（续）

5. 屋顶的细部构造

（1）平屋顶的细部构造：包括泛水构造、分仓缝构造、雨水口构造、檐口构造等。

（2）坡屋顶的细部构造：包括檐口、山墙、天沟以及通风道、老虎窗等出屋面的泛水构造等。

巩固练习

1.【判断题】屋顶主要起承重和围护作用，它对建筑的外观和体型没有影响。（　　）
2.【判断题】无组织排水常用于建筑标准较低的低层建筑或雨水较少的地区。（　　）
3.【判断题】保温层只能设在防水层下面，不能设在防水层上面。（　　）
4.【单选题】下列关于屋顶的叙述中，错误的是（　　）。
A. 屋顶是房屋最上部的外围护构件　　B. 屋顶是建筑造型的重要组成部分
C. 屋顶对房屋起水平支撑作用　　　　D. 结构形式与屋顶坡度无关
5.【单选题】"倒铺法"保温的构造层次依次是（　　）。
A. 保温层、防水层、结构层　　　　　B. 防水层、结构层、保温层
C. 防水层、保温层、结构层　　　　　D. 保温层、结构层、防水层
6.【单选题】泛水要具有足够的高度，一般不小于（　　）mm。
A. 100　　　　　　　　　　　　　　B. 200
C. 250　　　　　　　　　　　　　　D. 300
7.【多选题】屋顶按照屋面的防水材料分为（　　）。
A. 柔性防水屋面　　　　　　　　　　B. 刚性防水屋面
C. 构件自防水屋面　　　　　　　　　D. 塑胶防水屋面
E. 瓦屋面
8.【多选题】下列说法中，正确的是（　　）。
A. 有组织排水速度比无组织排水慢、构造比较复杂、造价也高
B. 有组织排水时会在檐口处形成水帘，落地的雨水四溅，对建筑勒脚部位影响较大
C. 寒冷地区冬季适用无组织排水
D. 有组织排水适用于周边比较开阔、低矮（一般建筑不超过 10m）的次要建筑
E. 有组织排水的排除过程是在事先规划好的途径中进行，克服了无组织排水的缺点
9.【多选题】下列材料中可用做屋面防水层的是（　　）。
A. 沥青卷材　　　　　　　　　　　　B. 水泥砂浆
C. 细石混凝土　　　　　　　　　　　D. 碎砖灌浆
E. 聚氨酯防水涂料

【答案】1. ×；2. √；3. ×；4. D；5. A；6. C；7. ABCE；8. AE；9. ACE

考点66：变形缝的构造 ★ ●

> **教材点睛** 教材 P211-216

1. 变形缝
变形缝包括伸缩缝（温度缝）、沉降缝和防震缝三种缝型。

2. 伸缩缝（温度缝）
（1）作用：防止因环境温度变化引起的变形，对建筑产生破坏作用而设置。
（2）伸缩缝的设置要求【详见P211-212 表7-2、表7-3】
（3）伸缩缝的细部构造（宽度为20~30mm）
　1）墙体伸缩缝的构造：缝型主要有平缝、错口缝和企口缝三种；缝口处应填塞保温及防水性能好的弹性材料；外墙外表面缝口用薄金属板或油膏进行盖缝处理，内表面及内墙缝口用装饰效果较好的木条或金属条盖缝。
　2）楼地面伸缩缝的构造：缝内采用弹性材料做嵌固处理。地面缝口用金属、橡胶或塑料压条盖缝，顶棚缝口用木条、金属压条或塑料压条盖缝。
　3）屋面伸缩缝的构造：与屋面的防水构造类似。

3. 沉降缝
（1）作用：防止建筑不均匀沉降引起的变形带来的破坏作用而设置，可代替伸缩缝发挥作用。
（2）沉降缝的设置原则【详见P213】
（3）沉降缝的细部构造：与伸缩缝细部构造类似。
（4）基础沉降缝的处理：常用方法有双墙偏心基础、双墙交叉排列基础、挑梁基础。

4. 防震缝
（1）作用：提高建筑的抗震能力，避免或减少地震对建筑的破坏作用而设置。
（2）防震缝的设置原则【详见P215】
（3）防震缝的构造处理：防震缝的基础一般不需要断开。在实际工程中，往往把防震缝与沉降缝、伸缩缝统一布置，以使结构和构造的问题一并解决。重点确保盖缝条的牢固性以及对变形的适应能力。

> **巩固练习**

1.【判断题】沉降缝与伸缩缝的主要区别在于墙体是否断开。　　　　　　（　　）
2.【判断题】沉降缝是为了防止不均匀沉降对建筑带来的破坏作用而设置的，其缝宽应大于100mm。　　　　　　（　　）
3.【判断题】伸缩缝可代替沉降缝。　　　　　　（　　）
4.【单选题】伸缩缝是为了预防（　　）对建筑物的不利影响而设置的。
A. 荷载过大　　　　　　　　　　　　B. 地基不均匀沉降
C. 地震　　　　　　　　　　　　　　D. 温度变化

5.【单选题】温度缝又称伸缩缝,是将建筑物( )断开。
A. 地基基础、墙体、楼板   B. 地基基础、楼板、屋顶
C. 墙体、楼板、楼梯   D. 墙体、楼板、屋顶

6.【单选题】下列关于变形缝的说法中,正确的是( )。
A. 伸缩缝基础埋于地下,虽然受气温影响较小,但必须断开
B. 沉降缝从房屋基础到屋顶全部构件断开
C. 一般情况下防震缝以基础断开设置为宜
D. 不可以将上述三缝合并设置

7.【单选题】防震缝的设置是为了预防( )对建筑物的不利影响而设计的。
A. 温度变化   B. 地基不均匀沉降
C. 地震   D. 荷载过大

8.【单选题】下列关于防震缝的说法中,不正确的是( )。
A. 防震缝不可以代替沉降缝
B. 防震缝应沿建筑的全高设置
C. 一般情况下防震缝以基础断开设置
D. 建筑物相邻部分的结构刚度和质量相差悬殊时应设置防震缝

9.【多选题】下列关于变形缝的描述中,不正确的是( )。
A. 伸缩缝可以兼作沉降缝
B. 伸缩缝应将结构从屋顶至基础完全分开,使缝两边的结构可以自由伸缩,互不影响
C. 凡应设变形缝的厨房,二缝宜合一,并应按沉降缝的要求加以处理
D. 防震缝应沿厂房全高设置,基础可不设缝
E. 屋面伸缩缝主要是解决防水和保温的问题

【答案】1. ×;2. ×;3. ×;4. D;5. D;6. B;7. C;8. C;9. ABCE

考点 67:建筑的一般装饰构造 ★ ●

教材点睛 教材 P216-223

1. 地面的一般装饰构造
(1) 地面的组成:面层、结构层或垫层、基土或基层、附加层(防潮层、防水层、管线敷设层、保温隔热层等)。
(2) 地面装饰的构造要求:坚固耐磨、硬度适中、热工性能好、隔声能力强等。
(3) 地面常见的装饰构造:分为整体地面(水泥砂浆地面、水磨石地面等)、块材(陶瓷类、天然石材、人造石材、木地板等)、卷材地面(软质聚氯乙烯塑料地毯、橡胶地毯、地毯等)和涂料地面(油漆、人工合成高分子涂料等)四种类型。

2. 墙面的一般装饰构造
(1) 墙面装饰的构造要求:具有良好的色彩、观感和质感,便于清扫和维护;满足使用功能对室内光线、音质的要求;室外装饰应选择强度高、耐候性好的装饰材料;

> **教材点睛** 教材P216-223（续）
>
> 施工方便、节能环保、造价合理。
> 　　（2）墙面常见的装饰构造：抹灰类墙面、贴面类墙面、涂刷类墙面、裱糊类墙面、铺钉类墙面。
> 　　**3. 顶棚的一般装饰构造**
> 　　（1）顶棚装饰的构造要求：具有良好的装饰效果，满足室内空间的需要；具有足够的防火能力，满足有关技术要求；能够解决室内音质、照明的要求，有时还要满足隔热、通风等要求。
> 　　（2）常见顶棚的装饰构造：直接顶棚、吊顶棚（轻钢龙骨吊顶、矿棉吸声板吊顶）。

考点68：单层工业厂房的基本构造 ★ ●

> **教材点睛** 教材P223-234
>
> 　　**1. 单层工业厂房的结构类型**：主要有排架结构和刚架结构两种形式。
> 　　**2. 排架结构单层厂房的基本构造**：基础、基础梁、排架柱、抗风柱、吊车梁、墙体（砌体和板材墙体）、连系梁和圈梁、屋盖系统［屋架（屋面梁）、屋面板、屋盖支撑体系等］、大门、侧窗和天窗等。
> 　　**3. 轻钢结构单层厂房的基本构造**：轻钢骨架、连接骨架檩条系统、支撑墙板和屋面的檩条系统、金属墙板、金属屋面板、门窗、天窗等。

巩固练习

1.【判断题】建筑地面装饰的构造要求是坚固耐磨、硬度适中、热工性能好、隔声能力强等。（　　）

2.【判断题】地面常见的装饰构造有整体地面、块材、卷材地面和涂料地面。（　　）

3.【判断题】单层工业厂房的结构类型主要是刚架结构一种形式。（　　）

4.【单选题】墙面常见的装饰构造不包括（　　）。
A. 涂刷类墙面　　　　　　　　　　B. 抹灰类墙面
C. 贴面类墙面　　　　　　　　　　D. 浇筑类墙面

5.【单选题】下列属于整体地面的是（　　）。
A. 釉面地砖地面，抛光砖地面　　　B. 抛光砖地面，现浇水磨石地面
C. 水泥砂浆地面，抛光砖地面　　　D. 水泥砂浆地面，现浇水磨石地面

6.【单选题】面砖安装时，要抹（　　）打底。
A. 15mm厚1:3水泥砂浆　　　　　B. 10mm厚1:2水泥砂浆
C. 10mm厚1:3水泥砂浆　　　　　D. 15mm厚1:2水泥砂浆

7.【单选题】下列不属于直接顶棚的是（　　）。

A. 直接喷刷涂料顶棚 B. 直接铺钉饰面板顶棚
C. 直接抹灰顶棚 D. 吊顶棚

8.【单选题】当厂房跨度大于（ ）m时，不宜采用砖混结构单层厂房。
A. 5 B. 9
C. 10 D. 15

9.【单选题】无檩体系的特点是（ ）。
A. 构件尺寸小 B. 质量轻
C. 施工周期长 D. 构件型号少

10.【单选题】为承受较大水平风荷载，单层厂房的自承重山墙处需设置（ ），以增加墙体刚度和稳定性。
A. 连系梁 B. 圈梁
C. 抗风柱 D. 支撑

11.【单选题】机电类成产车间多采用（ ）。
A. 砖混结构单层厂房 B. 排架结构单层厂房
C. 刚架结构单层厂房 D. 混凝土结构单层厂房

12.【单选题】当屋面有保温要求时需采用（ ）。
A. 聚乙烯泡沫板 B. 岩棉板
C. 矿棉板 D. 复合夹芯板

13.【多选题】地面装饰的分类包括（ ）。
A. 水泥砂浆地面 B. 抹灰地面
C. 陶瓷砖地面 D. 水磨石地面
E. 塑料地板

14.【多选题】下列不属于墙面装饰的基本要求的是（ ）。
A. 装饰效果好 B. 适应建筑的使用功能要求
C. 防止墙面裂缝 D. 经济可靠
E. 防水防潮

15.【多选题】按照施工工艺不同，顶棚装饰可分为（ ）。
A. 抹灰类顶棚 B. 石膏板顶棚
C. 裱糊类顶棚 D. 木质板顶棚
E. 贴面类顶棚

16.【多选题】单层工业厂房的结构类型有（ ）。
A. 混凝土结构 B. 砖混结构
C. 排架结构 D. 刚架结构
E. 简易结构

17.【多选题】下列说法中，正确的是（ ）。
A. 当厂房的钢筋混凝土柱子用现浇施工时，一般采用独立杯形基础
B. 屋盖系统主要包括屋架（屋面梁）、屋面板、屋盖支撑体系等
C. 连系梁的主要作用是保证厂房横向刚度
D. 钢制吊车梁多采用"工"字形截面

E. 侧窗主要解决中间跨或跨中的采光问题

18.【多选题】轻钢结构单层厂房的基本组成包括（　　）。

A. 檩条系统　　　　　　　　B. 轻钢骨架
C. 金属柱　　　　　　　　　D. 金属墙板
E. 门窗

【答案】1. √；2. √；3. ×；4. D；5. D；6. A；7. D；8. D；9. D；10. C；11. C；12. D；13. ACDE；14. CE；15. ACE；16. BCD；17. BD；18. ABDE

第二节　建筑结构

考点 69：基础 ★ ●

教材点睛　教材 P234-238

1. 无筋扩展基础：此类基础为刚性基础，几乎不可能发生挠曲变形。高度要求【详见 P235 图 7-82】。

2. 扩展基础：此类基础为柔性基础，有较好的抗弯能力，适用于"宽基浅埋"或有地下水的情况。

3. 桩基础：有较高的承载力和稳定性，良好的抗震性能，是减少建筑物沉降与不均匀沉降的良好措施。

（1）桩的分类

分类方式	分类名称
按形成方式分类	预制桩、灌注桩
按桩身材料分类	混凝土桩、钢桩和组合桩
按桩的使用功能分类	竖向抗压桩、水平受荷桩、竖向抗拔桩、复合受荷桩
按桩的承载性状分类	摩擦型桩、端承型桩
按成桩方法分类	挤土桩、部分挤土桩、非挤土桩
按承台底面的相对位置分类	高承台桩基、低承台桩基
按桩径的大小分类	小直径桩（桩直径小于等于250mm）；中等直径桩（桩直径为250~800mm）；大直径桩（桩直径大于等于800mm）

（2）桩基的构造规定

1）桩间距：摩擦型桩的中心距不宜小于桩身直径的 3 倍；扩底灌注桩的中心距不宜小于扩底直径的 1.5 倍，当扩底直径大于 2m 时，桩端净距不宜小于 1m；挤土桩桩距应考虑施工工艺的影响。

2）桩径：扩底灌注桩的扩底直径不宜大于桩身直径的 3 倍。

> **教材点睛** 教材 P234-238（续）
>
> 　　3）混凝土：预制桩的混凝土强度等级不应低于C30；灌注桩不应低于C20；预应力桩不应低于C40。
> 　　4）最小配筋率：打入式预制桩最小配筋率不宜小于0.8%；静压预制桩的最小配筋率不宜小于0.6%；灌注桩的最小配筋率不宜小于0.2%~0.65%（小直径取大值）。
> 　　5）主筋：桩顶嵌入承台内长度不宜小于50mm，主筋伸入承台内的锚固长度不宜小于HRB300钢筋直径的30倍和HRB335和HRB400钢筋直径的35倍。
> 　　（3）承台构造
> 　　1）承台形式常见的有柱下独立桩基承台、箱形承台、筏形承台、柱下梁式承台和墙下条形承台等。
> 　　2）板式承台构造要求：矩形承台的宽度不应小于500mm；厚度不应小于300mm；配筋双向均匀通长配筋，钢筋直径不宜小于10mm，间距不宜大于200mm；三桩承台钢筋应按三向板带均匀配置，最里侧钢筋应在柱截面范围内；混凝土强度等级不宜低于C20。
> 　　（4）承台之间的连接：桩承台间设置连系梁，连系梁顶面宜与承台位于同一标高；连系梁的宽度不应小于250mm，梁的高度取承台中心距的1/15~1/10。连系梁内上下纵向钢筋直径不应小于12mm且不应少于2根，锚入承台。

巩固练习

1. 【判断题】无筋扩展基础都是脆性材料，有较好的抗压、抗拉、抗剪性能。（　　）
2. 【判断题】承台要有足够的强度和刚度。（　　）
3. 【单选题】刚性基础基本上不可能发生（　　）。
   A. 挠曲变形　　　　　　　　　　B. 弯曲变形
   C. 剪切变形　　　　　　　　　　D. 轴向拉压变形
4. 【单选题】无筋扩展基础的外伸宽度与基础高度的比值小于规范规定的台阶宽高比的允许值，此类基础几乎不可能发生挠曲变形，所以常称为（　　）基础。
   A. 柔性　　　　　　　　　　　　B. 刚性
   C. 抗弯　　　　　　　　　　　　D. 抗剪
5. 【单选题】扩展基础特别适用于（　　）的情况。
   A. 砂卵石　　　　　　　　　　　B. 流沙
   C. 有地下水　　　　　　　　　　D. 盐渍土
6. 【单选题】桩基础按使用功能分类不包括（　　）。
   A. 端承桩　　　　　　　　　　　B. 竖向抗拔桩
   C. 水平受荷桩　　　　　　　　　D. 竖向抗压桩
7. 【单选题】下列关于桩基础板式承台的构造要求中，错误的是（　　）。
   A. 按双向通长配筋　　　　　　　B. 混凝土强度不低于C40

C. 承台厚度不小于 300mm　　　　　　D. 承台宽度不小于 500mm
8.【多选题】下列关于扩展基础的说法中，正确的是（　　）。
A. 锥形基础边缘高度不宜小于 200mm
B. 阶梯形基础的每阶高度宜为 200～500mm
C. 垫层的厚度不宜小于 90mm
D. 扩展基础底板受力钢筋的最小直径不宜小于 10mm
E. 扩展基础底板受力钢筋的间距宜为 100～200mm
9.【多选题】桩按使用功能分为（　　）。
A. 高承台桩基　　　　　　　　　　　B. 竖向抗压桩
C. 水平受荷桩　　　　　　　　　　　D. 竖向抗拔桩
E. 复合受荷桩

【答案】1. ×；2. √；3. A；4. B；5. C；6. A；7. B；8. ADE；9. BCDE

考点 70：混凝土结构的构件受力 ★●

> **教材点睛** 教材 P238-249
>
> **1. 混凝土结构的分类**：素混凝土、钢骨混凝土、钢筋混凝土、钢管混凝土、预应力混凝土等结构。
>
> **2. 钢筋混凝土结构**
>
> （1）特点：优点是可以就地取材，合理用材、经济性好、耐久性和耐火性好、维护费用低，可模性好，整体性好，通过合适的配筋，可获得较好的延性；缺点是自重大、抗裂性差，不适用于大跨、高层结构。
>
> （2）配筋的作用：混凝土和钢材结合在一起，可以取长补短，充分利用材料的性能。
>
> （3）钢筋与混凝土共同工作的条件：良好的粘结力、相近的膨胀系数、混凝土的碱性环境。
>
> **3. 构件的基本受力形式**：分为受弯构件、受扭构件以及纵向受力构件三种。
>
> （1）钢筋混凝土受弯构件（梁、板）
>
> 1）构件承受力为剪力和弯矩。在梁的计算简图中，梁上荷载简化为轴线上的集中荷载或分布荷载，支座约束简化为可动铰支座、固定铰支座或固定端支座。
>
> 2）钢筋混凝土受弯构件构造要求：满足承载力、刚度和裂缝控制要求，同时还应利于模板定型化；梁截面形式有矩形、T 形、倒 T 形、L 形、工字形、十字形、花篮形等。板的截面形式有矩形、空心板、槽形板等。
>
> 3）钢筋混凝土梁、板的配筋：①梁包括纵向受力及构造钢筋、弯起钢筋、箍筋、架立钢筋、拉筋等。②板包括纵向受力钢筋、分布钢筋等。
>
> （2）钢筋混凝土纵向受力构件（柱）
>
> 1）构件受力为轴心或偏心压力；截面形式有正方形、矩形、圆形及多边形。

教材点睛 教材 P238-249（续）

2）构造要求：①材料：混凝土宜采用 C20 以上强度等级；钢筋宜用 HRB335 级、HRB400 级或 RRB400 级。② 配筋构造：受力钢筋接头宜设置在受力较小处；相邻纵向受力钢筋接头位置宜相互错开；变截面时，可在梁高范围内将下柱的纵筋弯折伸入上层柱纵筋搭接。③ 箍筋可采用螺旋筋或焊接环筋。

（3）钢筋混凝土受扭构件（悬挑构件）

1）受扭构件的内力：力偶（集中外力偶、均布外力偶）。

2）钢筋混凝土受扭构件的构造要求：① 纵向受扭钢筋沿截面周边均匀对称布置，间距应不大于 200mm；支座内的锚固长度按受拉钢筋考虑。② 箍筋做成封闭式，末端做成 135° 弯钩，弯钩端平直长度大于等于 10d。

巩固练习

1.【判断题】雨篷板是受弯构件。　　　　　　　　　　　　　　　　　（　　）
2.【判断题】梁、板的截面尺寸应有利于模板定型化。　　　　　　　　（　　）
3.【判断题】集中外力偶弯曲平面与杆件轴线垂直。　　　　　　　　　（　　）
4.【单选题】在混凝土中配置钢筋，主要是由两者的（　　）决定的。
　A. 力学性能和环保性　　　　　　　B. 力学性能和经济性
　C. 材料性能和经济性　　　　　　　D. 材料性能和环保性
5.【单选题】轴心受压构件截面法求轴力的步骤为（　　）。
　A. 列平衡方程→取脱离体→画轴力图　　B. 取脱离体→画轴力图→列平衡方程
　C. 取脱离体→列平衡方程→画轴力图　　D. 画轴力图→列平衡方程→取脱离体
6.【单选题】由于箍筋在截面四周受拉，所以应做成（　　）。
　A. 封闭式　　　　　　　　　　　　B. 敞开式
　C. 折角式　　　　　　　　　　　　D. 开口式
7.【多选题】下列用截面法计算指定截面剪力和弯矩的步骤中，不正确的是（　　）。
　A. 计算支反力→截取研究对象→画受力图→建立平衡方程→求解内力
　B. 建立平衡方程→计算支反力→截取研究对象→画受力图→求解内力
　C. 截取研究对象→计算支反力→画受力图→建立平衡方程→求解内力
　D. 计算支反力→建立平衡方程→截取研究对象→画受力图→求解内力
　E. 计算支反力→截取研究对象→建立平衡方程→画受力图→求解内力
8.【多选题】设置弯起筋的目的，以下说法正确的是（　　）。
　A. 满足斜截面抗剪要求　　　　　　B. 满足斜截面抗弯要求
　C. 充当支座负纵筋，承担支座负弯矩　D. 为了节约钢筋，充分利用跨中纵筋
　E. 充当支座负纵筋，承担支座正弯矩
9.【多选题】下列说法中，正确的是（　　）。
　A. 圆形水池是轴心受拉构件

B. 偏心受拉构件和偏心受压构件变形特点相同
C. 排架柱是轴心受压构件
D. 框架柱是偏心受压构件
E. 偏心受拉构件和偏心受压构件都会发生弯曲变形

【答案】1. √；2. √；3. √；4. B；5. C；6. A；7. BCDE；8. ACD；9. ADE

考点71：现浇钢筋混凝土楼盖 ★●

> **教材点睛** 教材P249-253
>
> **1. 现浇楼盖类型**：按楼板受力和支承条件的不同，分为肋形楼盖、无梁楼盖和井字形梁楼盖；按楼板的长短边比例关系，分为单向板和双向板两种。
>
> **2. 单向板肋形楼盖**
> （1）单向板肋形楼盖的组成：包括板、次梁、主梁（有时没有主梁）。
> （2）荷载传递途径：板→次梁→主梁→柱或墙→基础→地基。
> （3）单向板肋形楼盖的构造要求
> 1）梁、板截面尺寸要求【详见P250表7-6】。
> 2）板的配筋方式：连续板中受力钢筋的弯起点和截断点按弯矩包络图及抵抗弯矩图确定。通常跨中和支座的钢筋采用相同间距或成倍间距。
> 3）构造钢筋的构造要求
> ①嵌固于墙内板的板面附加钢筋：为避免沿墙边产生板面裂缝，应在支承周边配置上部构造钢筋。
> ②嵌固在砌体墙内的板【详见P251图7-111】。
> ③楼板孔洞边配筋要求【详见P251-252】。
> ④主梁的构造要求：主梁的一般构造要求与次梁相同，但应通过在弯矩包络图上画抵抗弯矩图来确定，主梁伸入墙内的长度应不小于370mm，并设置附加箍筋。
>
> **3. 无梁楼盖的特点与适用条件**：特点是房间净空高，通风采光条件好，支模简单，但用钢量较大，常用于厂房、仓库、商场等建筑以及矩形水池的池顶和池底等结构。
>
> **4. 井字形（井式）楼盖的特点与适用条件**：特点是房间平面形状接近正方形，可少设或取消内柱，能跨越较大的空间，适用于中小礼堂、餐厅以及公共建筑的门厅，但用钢量和造价较高。

巩固练习

1. 【判断题】按楼板受力和支承条件的不同，现浇楼盖分为单向板和双向板。（　　）
2. 【判断题】肋形楼盖荷载传递的途径都是板→次梁→主梁→柱或墙→基础→地基。
（　　）
3. 【单选题】下列不属于现浇混凝土楼盖缺点的是（　　）。

A. 养护时间长 B. 结构布置多样
C. 施工速度慢 D. 施工受季节影响大

4.【单选题】当板的长边尺寸与短边尺寸之比（　　）时，荷载基本沿长边方向传递，称为单向板。

A. ＞3 B. ＞1
C. ＞2 D. ＞4

5.【单选题】肋形楼盖的组成不包括（　　）。

A. 次梁 B. 板
C. 主梁 D. 钢梁

6.【单选题】单向板肋形楼盖为避免支座处钢筋间距紊乱，通常跨中和支座的钢筋采用（　　）。

A. 相同间距或成倍间距 B. 1/2 间距
C. 1/3 间距 D. 1/4 间距

7.【单选题】无梁楼盖的特点不包括（　　）。

A. 通风采光条件好 B. 房间净空高
C. 用钢量较少 D. 支模简单

8.【单选题】井式楼盖不适用于（　　）。

A. 餐厅 B. 房间平面形状接近正方形
C. 公共建筑的门厅 D. 厂房

9.【多选题】下列属于构造钢筋构造要求的是（　　）。

A. 为避免墙边产生裂缝，应在支承周边配置上部构造钢筋
B. 嵌固于墙内板的板面附加钢筋直径大于等于 10mm
C. 沿板的受力方向配置的上部构造钢筋，可根据经验适当减少
D. 嵌固于墙内板的板面附加钢筋间距大于等于 200mm
E. 沿非受力方向配置的上部构造钢筋，可根据经验适当减少

【答案】1. ×；2. √；3. B；4. C；5. D；6. A；7. C；8. D；9. AE

考点 72：常见的钢结构 ★ ●

> **教材点睛** 教材 P253-263
>
> **1. 钢结构的特点**：具有钢材强度高，结构自重轻；塑性、韧性好；材质均匀；工业化程度高；可焊性好；耐腐蚀性差；耐火性差；钢结构在低温和其他条件下，可能发生脆性断裂等特点。
>
> **2. 钢结构适用范围**：主要应用于大跨度结构、重型厂房结构、受动力荷载作用的厂房结构、多层、高层和超高层建筑、高耸结构、板壳结构和可拆卸结构。
>
> **3. 钢材选用要点**：承重结构的钢材宜采用 Q235、Q345、Q390 和 Q420；采用的钢材应具有抗拉强度、伸长率、屈服强度和硫、磷含量的合格保证，对焊接结构应具有

教材点睛 教材 P253-263（续）

碳含量合格保证；对需要验算疲劳的结构、吊车起重量不小于 50t 的中级工作制吊车梁钢材，应具有常温冲击韧性的合格保证。

4. 构件的连接

（1）钢结构的连接方式：分为焊接连接、铆连接、螺栓连接三种形式。

（2）焊接

1）焊缝的形式可分为对接焊缝和角焊缝；焊接方式可分为俯焊、立焊、横焊和仰焊。

2）焊接的缺陷：裂纹、焊瘤、烧穿、弧坑、气孔、夹渣、咬边、未融合、未焊透等。

3）焊缝质量检验：外观检查、超声波探伤检验、X 射线检验等。

（3）螺栓连接

1）螺栓连接形式：分为并列和错列两种。

2）螺栓在构件上的排列应满足受力、构造和施工要求：包括受力要求、构造要求、施工要求。

5. 构件的受力

（1）钢结构构件：主要包括钢柱和钢梁。

（2）钢柱的受力形式：主要有轴向拉伸或压缩和偏心拉压。

（3）钢梁的受力形式：主要有拉弯和压弯组合受力。

巩固练习

1.【判断题】螺栓在构件上排列应简单、统一、整齐而紧凑。　　　　　　（　　）

2.【判断题】钢结构是通过焊接、铆接、螺栓连接等方式而组成的结构。（　　）

3.【单选题】钢结构焊接连接的缺点不包括（　　）。

   A. 焊接残余应力大且不易控制　　　　B. 焊接程序严格，质量检验工作量大

   C. 焊接变形大，对材质要求高　　　　D. 摩擦面处理复杂

4.【单选题】按照角焊缝受力与焊缝方向，钢结构焊缝的分类不包括（　　）。

   A. 端缝　　　　　　　　　　　　　　B. 侧缝

   C. 角焊缝　　　　　　　　　　　　　D. 斜缝

5.【单选题】钢结构三级焊缝需（　　）合格。

   A. 超声波探伤　　　　　　　　　　　B. 外观检查

   C. 电火花检验　　　　　　　　　　　D. X 射线检验

6.【单选题】以钢板、型钢、薄壁型钢制成的构件是（　　）。

   A. 排架结构　　　　　　　　　　　　B. 钢结构

   C. 楼盖　　　　　　　　　　　　　　D. 配筋

7.【多选题】钢结构主要应用于（　　）。

A. 重型厂房结构	B. 可拆卸结构
C. 低层建筑	D. 板壳结构
E. 普通厂房结构

8.【多选题】下列属于螺栓受力要求的是（   ）。
A. 在受力方向螺栓的端距过小时，钢材有剪断或撕裂的可能
B. 在受力方向螺栓的端距过大时，钢材有剪断或撕裂的可能
C. 各排螺栓距和线距太小时，构件有沿折线或直线破坏的可能
D. 各排螺栓距和线距太大时，构件有沿折线或直线破坏的可能
E. 对受压构件，当沿作用线方向螺栓间距过大时，被连板件间易发生鼓曲和张口现象

9.【多选题】截面形式选择依据（   ）。
A. 能提供强度所需要的截面积	B. 壁厚厚实
C. 制作比较简单	D. 截面开展
E. 便于和相邻的构件连接

【答案】1. √；2. √；3. D；4. C；5. C；6. B；7. ABD；8. ACE；9. ACDE

考点 73：砌体结构知识★

教材点睛 教材 P263-267

1. 砌体结构的材料及强度等级

（1）砖的分类：烧结普通砖，强度等级分 MU30、MU25、MU20、MU15、MU10 共五级；非烧结硅酸盐砖，常用的有蒸压灰砂砖（简称灰砂砖，强度等级分 MU25、MU20、MU15、MU10 共四级）、蒸压粉煤灰砖（强度等级分 MU20、MU15、MU10、MU7.5 共四级）、炉渣砖、矿渣砖等；烧结多孔砖，主要用于承重部位，强度等级分 MU30、MU25、MU20、MU15、MU10 共五级。

（2）砌块分类：分为小型、中型和大型三类；主要品种包括小型混凝土空心砌块、加气混凝土砌块、水泥炉渣空心砌块、粉煤灰硅酸盐砌块等；强度等级分为 M20、MU15、MU10、MU7.5、M5 共五级。

（3）石材分类：分为料石和毛石两种；常用于建筑物基础、挡土墙等；强度等级共分 MU100、MU80、MU60、MU50、MU40、MU30、MU20 七级。

2. 影响砌体结构构件承载力的因素：砌体的抗压强度、偏心距的影响（$e=M/N$）、高厚比 β 对承载力的影响、砂浆强度等级影响。

3. 砌体结构的基本构造措施

（1）无筋砌体的基本构造措施：伸缩缝、沉降缝和圈梁。

（2）配筋砌体构造

1）网状配筋砌体构造要求：体积配筋率不宜小于0.1%，且不应大于1%；钢筋网的间距不应大于5皮砖，且不应大于400mm；钢筋直径3～4mm（连弯网式钢筋的直径不应大于8mm）；网内钢筋间距不应大于120mm且不应小于30mm；钢筋间距过小，

> **教材点睛** 教材 P263-267（续）
>
> 灰缝中的砂浆难以密实均匀；砂浆强度不应低于 M7.5，灰缝厚度应保证钢筋上下各有 2mm 砂浆层。
>
> 2）组合砌体构造：面层水泥砂浆强度等级不宜低于 M10，厚度 30～45mm，竖向钢筋采用 HPB300 级钢筋，受压钢筋一侧配筋率不宜小于 0.1%；面层混凝土强度等级采用 C20，面层厚度大于 45mm，受压钢筋一侧的配筋率不应小于 0.2%，竖向钢筋采用 HPB300、HRB335 级钢筋；砌筑砂浆强度等级不宜低于 M7.5，竖向钢筋直径不应小于 8mm，净间距不应小于 30mm，受拉钢筋配筋率不应小于 0.1%；箍筋直径不宜小于 4mm 并大于等于 0.2 倍受压钢筋的直径，且不宜大于 6mm，箍筋的间距不应小于 120mm，也不应大于 500mm 及 20d；当组合砌体一侧受力钢筋多于 4 根时，应设置附加箍筋和拉结筋；截面长短边相差较大的构件（如墙体等），应采用穿通构件或墙体的拉结筋作为箍筋，设置水平分布钢筋，形成封闭的箍筋体系。水平分布钢筋的竖向间距及拉结筋的水平间距均不应大于 500mm。

巩固练习

1. 【判断题】砌体结构的构造是确保房屋结构整体性和结构安全的可靠措施。（　　）
2. 【判断题】我国目前砌体所用的块材主要有砖、砌块和石材。（　　）
3. 【单选题】墙体的构造措施不包括（　　）。
   A. 沉降缝　　　　　　　　B. 抗震缝
   C. 圈梁　　　　　　　　　D. 伸缩缝
4. 【单选题】下列关于无筋砌体圈梁的做法中，错误的是（　　）。
   A. 纵向钢筋不应少于 4ϕ10
   B. 绑扎接头的搭接长度按受拉钢筋考虑
   C. 纵横墙交接处的圈梁应断开
   D. 箍筋间距不应大于 300mm
5. 【单选题】当其他条件相同时，随着偏心距的增大，并且受压区（　　），甚至出现（　　）。
   A. 越来越小，受拉区　　　　B. 越来越小，受压区
   C. 越来越大，受拉区　　　　D. 越来越大，受压区
6. 【单选题】钢筋网间距不应大于 5 皮砖，不应大于（　　）mm。
   A. 100　　　　　　　　　　B. 200
   C. 300　　　　　　　　　　D. 400
7. 【多选题】砂浆按照材料成分不同分为（　　）。
   A. 水泥砂浆　　　　　　　　B. 水泥混合砂浆
   C. 防冻水泥砂浆　　　　　　D. 非水泥砂浆
   E. 混凝土砌块砌筑砂浆

8.【多选题】影响砌体抗压承载力的因素有（　　）。
A. 砌体抗压强度　　　　　　　　B. 砌体环境
C. 偏心距　　　　　　　　　　　D. 高厚比
E. 砂浆强度等级

9.【多选题】下列属于组合砌体构造要求的是（　　）。
A. 面层水泥砂浆强度等级不宜低于 M15，面层厚度为 30～45mm
B. 面层混凝土强度等级宜采用 C20，面层厚度大于 45mm
C. 砌筑砂浆强度等级不宜低于 M7.5
D. 当组合砌体一侧受力钢筋多于 4 根时，应设置附加箍筋和拉结筋
E. 钢筋直径为 3～4mm

【答案】1. √；2. √；3. B；4. C；5. A；6. D；7. ABDE；8. ACDE；9. BCD

考点 74：建筑抗震的基本知识 ★●

教材点睛　教材 P267-270

1. **地震的相关概念**：地震波、震级、地震烈度和烈度表。
2. **建筑物的震害**：地表的破坏现象有地裂缝、喷砂冒水、地面下沉、滑坡、塌方等；对建筑物的破坏表现在结构丧失整体性，承重结构承载力不足而引起的破坏，地基失效，次生灾害等。
3. **按建筑物重要性将建筑物分为甲、乙、丙、丁四类。**
4. **抗震设防标准**是衡量抗震设防要求的尺度，它的依据是抗震设防烈度【详见 P268 表 7-15】。
5. **抗震设防目标**："三个水准"即"小震不坏，中震可修，大震不倒"。
6. **抗震设计的基本要求**
（1）抗震概念设计的重要性：指根据地震灾害和工程经验等所形成的基本设计原则和设计思想，进行建筑和结构总体布置并确定细部构造的过程。结构的抗震性能取决于良好的"概念设计"。
（2）抗震设计的基本要求
1）场地选择：选择有利地段、避开不利地段、不应在危险地段建造甲、乙、丙类建筑。
2）选择对抗震有利的建筑平面和立面：① 不应采用严重不规则的设计方案；② 建筑及其抗侧力结构平面布置宜均匀、对称，并具有良好的整体性；③ 建筑的立面和剖面宜规则，抗侧力结构的侧向刚度和承载力宜均匀；④ 不规则的建筑结构，应按规范要求进行水平地震作用计算和内力调整，并对薄弱部位采取有效的抗震构造措施；⑤ 体型复杂，平、立面特别不规则的建筑结构，可按实际需要设置防震缝；⑥ 非结构构件自身与主体结构的连接应进行抗震设计。
3）选择技术上、经济上合理的抗震结构体系。

> 巩固练习

1. 【判断题】抗震设防目标的"三个水准"是"小震不坏,中震可修,大震不倒"。
   （　　）
2. 【判断题】对于一次地震,只能有一个震级,而有多个烈度。（　　）
3. 【判断题】从抗震防灾的角度,根据建筑物使用功能的重要性,将建筑物分为甲、乙、丙三类。（　　）
4. 【单选题】建筑物抗震设计不包括（　　）。
   A. 抗震措施　　　　　　　　B. 抗震承载力计算
   C. 材料选择　　　　　　　　D. 地震作用
5. 【单选题】重大建筑工程和地震时可能发生严重次生灾害的建筑,其抗震设防分类为（　　）。
   A. 丁类　　　　　　　　　　B. 丙类
   C. 乙类　　　　　　　　　　D. 甲类
6. 【单选题】抗震设防烈度为（　　）时,除规范有具体规定外,对乙、丙、丁类建筑可不做地震作用计算。
   A. 5度　　　　　　　　　　B. 6度
   C. 7度　　　　　　　　　　D. 8度
7. 【单选题】《建筑抗震设计规范》GB 50011—2010（2016年版）采用（　　）设计来实现"小震不坏,中震可修,大震不倒"的抗震设防目标。
   A. 三阶段　　　　　　　　　B. 两阶段
   C. 四阶段　　　　　　　　　D. 保守
8. 【单选题】下列关于建筑平面和立面抗震设计的做法中,错误的是（　　）。
   A. 抗侧力结构平面布置均匀、对称
   B. 符合抗震概念设计的要求
   C. 体型复杂的可在适当部位设置伸缩缝
   D. 不采用严重不规则的设计方案
9. 【多选题】地震对建筑物的破坏表现在（　　）。
   A. 次生灾害
   B. 结构丧失整体性
   C. 承重结构承载力不足而引起的破坏
   D. 地基失效
   E. 地面下沉

【答案】1. √; 2. √; 3. ×; 4. C; 5. D; 6. B; 7. B; 8. C; 9. ABCD

第八章 施 工 测 量

第一节 测量的基本工作

考点 75：常用测量仪器的使用 ★ ●

> **教材点睛** 教材 P271-276
>
> **1. 水准仪**
> （1）水准仪用途及类型：用于高程测量，分为水准气泡式和自动安平式，目前多为自动安平式。
> （2）水准仪使用步骤：仪器的安置→粗略整平→瞄准目标→精平→读数。
> **2. 经纬仪**
> （1）经纬仪的用途：用于测量水平角和竖直角。
> （2）经纬仪使用步骤：安置仪器→照准目标→读数。
> **3. 全站仪**
> （1）全站仪的用途：多功能测量仪器，能够完成测角、测距、测高差、完成测定坐标及放样等操作。
> （2）全站仪常用类型：瑞士徕卡 TC 系列、日本拓普康系列、美国 Trimble3600 系列、苏州一光 OTS 系列、中国南方 NTS 系列等。
> （3）基本操作步骤：测前的准备工作→安置仪器→开机→角度测量→距离测量→放样。
> **4. 测距仪**：体积小、携带方便，可以完成距离、面积、体积等测量工作。
> **5. 激光铅垂仪**
> （1）激光铅垂仪的用途：主要用来测量相对铅垂线的水平偏差、铅垂线的点位传递等。
> （2）适用范围：高层建筑施工、变形观测等。
> （3）激光铅垂仪垂准测量步骤：打开激光开关及下对点开关→对中、整平→瞄准目标→激光垂准测量。
> **6. 三维激光扫描技术**：利用三维激光扫描仪对建（构）筑物扫描测量，形成建（构）筑物空间三维点云模型，通过对点云模型应用得出实际尺寸数据。
> **7. 无人机测量技术**：可快速建立三维模型，同时生成三维坐标等高线。其适用于设计、施工及运营过程中建立实景三维模型及 DOM、DTM、DEM、DSM 模型。
> **8. 测量机器人**：采用先进的 AI 测量算法处理技术，通过模拟人工测量规则，使用虚拟靠尺、角尺完成实测实量工艺。其适用于建筑施工全周期的质量检测。

巩固练习

1. 【判断题】水准仪粗略整平的目的是使圆气泡居中。　　　　　　　　　　（　　）
2. 【判断题】自动安平水准仪需要使水准仪达到精平状态。　　　　　　　　（　　）
3. 【判断题】经纬仪的安置中，垂球对中的精度高，目前主要采用垂球对中。
　　　　　　　　　　　　　　　　　　　　　　　　　　　　　　　　　（　　）
4. 【单选题】水准仪的粗略整平是通过调节（　　）来实现的。
  A. 微倾螺旋　　　　　　　　　　　　B. 脚螺旋
  C. 对光螺旋　　　　　　　　　　　　D. 测微轮
5. 【单选题】水准仪与经纬仪应用脚螺旋的不同是（　　）。
  A. 经纬仪脚螺旋应用于对中、精确整平，水准仪脚螺旋应用于粗略整平
  B. 经纬仪脚螺旋应用于粗略整平、精确整平，水准仪脚螺旋应用于粗略整平
  C. 经纬仪脚螺旋应用于对中、精确整平，水准仪脚螺旋应用于精确整平
  D. 经纬仪脚螺旋应用于粗略整平、粗略整平，水准仪脚螺旋应用于精确整平
6. 【单选题】经纬仪的粗略整平是通过调节（　　）来实现的。
  A. 微倾螺旋　　　　　　　　　　　　B. 三脚架腿
  C. 对光螺旋　　　　　　　　　　　　D. 测微轮
7. 【多选题】水准仪的使用步骤包括（　　）。
  A. 仪器的安置　　　　　　　　　　　B. 对中
  C. 粗略整平　　　　　　　　　　　　D. 瞄准目标
  E. 精平
8. 【多选题】全站仪除能自动测距、测角外，还能快速完成的工作包括（　　）。
  A. 计算平距、高差
  B. 计算二维坐标
  C. 按垂直角和距离进行放样测量
  D. 按坐标进行放样
  E. 将任一方向的水平角置为 0° 00′ 00″
9. 【多选题】测距仪可以完成（　　）等测量工作。
  A. 距离　　　　　　　　　　　　　　B. 面积
  C. 高度　　　　　　　　　　　　　　D. 角度
  E. 体积

【答案】1. √；2. ×；3. ×；4. B；5. A；6. B；7. ACDE；8. ADE；9. ABE

第二节　施工控制测量的知识

考点 76：施工控制测量 ★ ●

> **教材点睛**　教材 P277-283
>
> **1. 建筑物的定位**
> （1）建筑物定位的作用：根据设计图纸的规定，将建筑物外轮廓墙的各轴线交点即角点测设到地面上，作为基础放线和细部放线的依据。
> （2）建筑物定位方法：根据控制点定位，根据建筑基线或建筑方格网定位，根据与原有建（构）筑物或道路的关系定位。
> **2. 建筑物的放线**：放线分两步，测设细部轴线交点及引测轴线；引测轴线方法有两种，包括龙门板法和轴线控制桩法。
> **3. 工程施工测量内容**
> （1）基础施工测量：包括开挖深度和垫层标高控制、垫层上基础中线的投测、基础墙标高的控制。
> （2）墙体施工测量：包括首层楼层墙体轴线测设、首层楼层墙体标高测设；二层以上楼层轴线测设（吊锤球法、经纬仪投测法）、二层以上楼层标高传递（利用皮数杆传递、利用钢尺直接丈量、悬吊钢尺法）。
> **4. 构件安装施工测量内容**：包括柱子安装测量、吊车梁安装测量、屋架安装测量。

巩固练习

1. 【判断题】墙身皮数杆上根据设计杆上注记从 ±0.000 向下增加。　　　　（　　）
2. 【判断题】吊车梁安装测量主要是保证吊车梁平面位置和吊车梁的标高符合要求。

 （　　）
3. 【单选题】距离测量按（　　）即可得到测量结果。
   A. 选择键　　　　　　　　　　B. 测距键两次
   C. 测距键　　　　　　　　　　D. 切换键
4. 【单选题】引测轴线的目的是（　　）。
   A. 基坑（槽）开挖后各阶段施工能恢复各轴线位置
   B. 控制开挖深度
   C. 砌筑基础的依据
   D. 基础垫层施工的依据
5. 【单选题】如果建筑场地附近有控制点可供利用，可根据控制点和建筑物定位点设计坐标进行定位，其中应用较多的方法是（　　）。
   A. 角度交会法　　　　　　　　B. 极坐标法
   C. 距离交会法　　　　　　　　D. 直角坐标法

6.【单选题】柱子安装前将柱子按轴线编号,并在每根柱子的(　　)个侧面弹出柱中心线,并做好标志。
   A. 一　　　　　　　　　　　　B. 二
   C. 三　　　　　　　　　　　　D. 四

7.【单选题】柱子安装时一般用水准仪在杯口内壁测设一条(　　)的标高线,作为杯底找平的依据。
   A. -1.000　　　　　　　　　　B. -0.600
   C. ±0.000　　　　　　　　　　D. +0.500

8.【多选题】在多层建筑墙身砌筑过程中,为了保证建筑物轴线位置正确,可用(　　)将基础或首层墙面上的标志轴线投测到各施工楼层上。
   A. 吊锤球　　　　　　　　　　B. 水准仪
   C. 经纬仪　　　　　　　　　　D. 测距仪
   E. 全站仪

9.【多选题】墙体施工测量时,二层以上楼层标高传递可以采用(　　)。
   A. 水准测量方法沿楼梯间传递到各层
   B. 利用外墙皮数杆传递
   C. 利用钢尺直接丈量
   D. 悬吊钢尺法
   E. 经纬仪投测法

【答案】1. ×;2. √;3. B;4. A;5. B;6. C;7. B;8. ACE;9. ABCD

第三节　建筑变形观测的知识

考点77:建筑变形观测知识★●

教材点睛 教材 P283-285

1. 建筑变形观测的概念

(1)变形观测的任务:周期性地对设置在建筑物上的观测点进行重复观测,求得观测点位置的变化量。

(2)变形观测的主要内容:包括沉降观测、倾斜观测、位移观测、裂缝观测和挠度观测等。

2. 变形观测的方法和要求

(1)沉降观测

1)基准点的设置要求【详见 P283】。

2)监测点布设位置【详见 P283-284】。

3)观测周期与时间【详见 P284】。

> **教材点睛** 教材 P283-285（续）
>
> 4）观测方法：常用水准测量方法。
> 5）沉降观测的有关资料：监督点布置图；观测成果表；时间－荷载－沉降量曲线；等沉降曲线。
> （2）倾斜观测的内容：建筑物倾斜观测、建筑物的基础倾斜观测。

巩固练习

1. 【判断题】挠度观测属于变形观测的一种。　　　　　　　　　　　　（　）
2. 【判断题】沉降观测水准点的数目不应少于 5 个，以便检核。　　　（　）
3. 【判断题】角度前方交会法是利用两点之间的坐标差值，计算该点的水平位移量。　　　　　　　　　　　　　　　　　　　　　　　　　　　　　（　）
4. 【单选题】电视塔的观测点不得少于（　　）个。
   A. 1　　　　　　　　　　　　　B. 2
   C. 3　　　　　　　　　　　　　D. 4
5. 【单选题】水平位移观测的主要方法是（　　）。
   A. 轴线控制桩法　　　　　　　　B. 龙门板法
   C. 吊锤球法　　　　　　　　　　D. 基准线法
6. 【单选题】下列属于裂缝观测的方法是（　　）。
   A. 悬吊钢尺法　　　　　　　　　B. 白钢板标志法
   C. 激光测量法　　　　　　　　　D. 三角高程测量法
7. 【多选题】变形观测的主要内容包括（　　）。
   A. 刚度观测　　　　　　　　　　B. 位移观测
   C. 强度观测　　　　　　　　　　D. 倾斜观测
   E. 裂缝观测
8. 【多选题】沉降观测时，沉降观测点的点位宜选设在下列（　　）位置。
   A. 框架结构建筑物的每个或部分柱基上
   B. 高低层建筑物纵横墙交接处的两侧
   C. 建筑物的四角
   D. 筏形基础四角处及其中部位置
   E. 建筑物沿外墙每 2~5m 处
9. 【多选题】观测周期和观测时间应根据（　　）的变化情况而定。
   A. 工程的性质　　　　　　　　　B. 施工进度
   C. 地基基础　　　　　　　　　　D. 基础荷载
   E. 地基变形特征

【答案】1. √；2. ×；3. √；4. D；5. D；6. B；7. BDE；8. ABCD；9. ABCD

第九章 抽样统计分析的知识

第一节 基本概念和抽样的方法

考点 78：数理统计

> **教材点睛** 教材 P286
>
> **1. 数理统计的基本概念**
> （1）总体：总体记作 X，个体记作 N；通常把从单个产品采集到的质量数据视为个体，把该批产品的全部质量数据的集合视为总体。
> （2）样本：样本是由样品构成的，是从总体中随机抽取出来的个体。
> （3）统计量：根据具体的统计要求，结合对总体的统计期望进行的推断。
>
> **2. 抽样的方法**
> （1）利用数理统计的基本原理在产品的生产过程中或一批产品中随机地抽取样本，并对抽取的样本进行检测和评价，从中获取样本的质量数据信息。以获取的信息为依据，通过统计的手段对总体的质量情况作出分析和判断。
> （2）统计推断的工作过程【详见 P286 图 9-1】

巩固练习

1.【判断题】总体是工作对象的全体，是物的集合，通常可以记作 N。（　　）

2.【判断题】抽样的方法是以获取的信息为依据，通过统计手段对总体质量情况作出分析和判断。（　　）

3.【单选题】对待不同的检测对象，应当采集具有（　　）的质量数据。
A. 普遍性　　　　　　　　　　B. 控制意义
C. 特殊性　　　　　　　　　　D. 研究意义

4.【单选题】抽样的方法通常是利用数理统计的（　　）随机抽取样本。
A. 总体数量　　　　　　　　　B. 样本数量
C. 基本原理　　　　　　　　　D. 统计量

5.【多选题】下列关于统计量的说法中，正确的是（　　）。
A. 统计量都是样本函数
B. 统计量是结合总体期望进行的推断
C. 统计量需要研究一些常用的随机变量
D. 统计量是根据具体要求的推断

E. 统计量的概率密度解析比较容易

【答案】1. ×；2. √；3. B；4. C；5. BCD

第二节 质量数据抽样和统计分析方法

考点79：质量数据抽样和统计分析方法 ★

教材点睛 教材 P287-298

1. 质量数据的收集方法

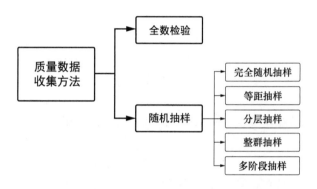

2. 质量数据统计分析的基本方法

（1）调查表法：利用表格进行数据收集和统计的一种方法。表格形式根据需要自行设计。

（2）分层法：将收集到的质量数据按统计分析的需要，进行分类整理，使之系统化、规律化，以便于找到产生质量问题的原因，及时采取措施加以预防。主要有4种分层方式：① 按班次、日期分类；② 按操作者、操作方法、检测方法分类；③ 按设备型号、施工方法分类；④ 按使用的材料规格、型号、供料单位分类。

（3）排列图法（主次因素分析图法）：A类因素对应于频率0~80%，是影响产品质量的主要因素；B类因素对应于频率80%~90%，为次要因素；与频率90%~100%相对应的为C类因素，属于一般影响因素。

（4）因果分析图（特性要因图、鱼刺图、树枝图）：运用因果分析图有助于制定对策，解决工程质量上存在的问题，从而达到控制质量的目的。

（5）相关图（散布图）：用直角坐标系表示出两个变量之间的相关关系，通过控制容易测定的因素达到控制不易测定的因素的目的，以便对产品或工序进行有效的控制。

（6）直方图法（质量分布图、矩形图、频数分布直方图）：有助于制定质量标准，确定公差范围；掌握质量分布规律，判定质量是否符合标准的要求。

（7）管理图法（控制图）：利用上下控制界限，将产品质量特性控制在正常质量波动范围之内，分为计量值管理图和计数值管理图两大类。

> 巩固练习

1. 【判断题】质量数据收集方法，在工程上经常采用全数检验的方法。（　　）
2. 【判断题】可以适应产品生产过程中及破坏性检测的要求的检测方法是随机抽样检测。（　　）
3. 【单选题】全数检验最大的优势是质量数据（　　），可以获取可靠的评价结论。
   A. 全面、丰富　　　　　　　　B. 完善、具体
   C. 深度、广博　　　　　　　　D. 浅显、易懂
4. 【单选题】在简单随机抽样中，某一个个体被抽到的可能性（　　）。
   A. 与第几次抽样有关，第一次抽到的可能性最大
   B. 与第几次抽样有关，第一次抽到的可能性最小
   C. 与第几次抽样无关，每一次抽到的可能性相等
   D. 与第几次抽样无关，与样本容量无关
5. 【单选题】当工序进行处于稳定状态时，数据直方图会呈现（　　）。
   A. 正常型　　　　　　　　　　B. 孤岛型
   C. 双峰型　　　　　　　　　　D. 偏向性
6. 【单选题】当数据不真实，被人为地剔除，数据直方图会呈现（　　）。
   A. 正常型　　　　　　　　　　B. 陡壁型
   C. 双峰型　　　　　　　　　　D. 偏向性
7. 【多选题】全数检验的适用条件为（　　）。
   A. 总体的数量较少　　　　　　B. 检测项目比较重要
   C. 检测方法会对产品产生破坏　D. 检测方法不会对产品产生破坏
   E. 检测用时较长
8. 【多选题】随机抽样的方法主要有（　　）。
   A. 完全随机抽样　　　　　　　B. 等距抽样
   C. 分层抽样　　　　　　　　　D. 整群抽样
   E. 单阶段抽样
9. 【多选题】下列方法中，不是质量数据统计分析的基本方法的是（　　）。
   A. 调查表法　　　　　　　　　B. 填表法
   C. 分层法　　　　　　　　　　D. 因果分析图
   E. 分布法

【答案】1. ×；2. √；3. A；4. C；5. A；6. B；7. ABD；8. ABCD；9. BE

岗位知识与专业技能

知识点导图

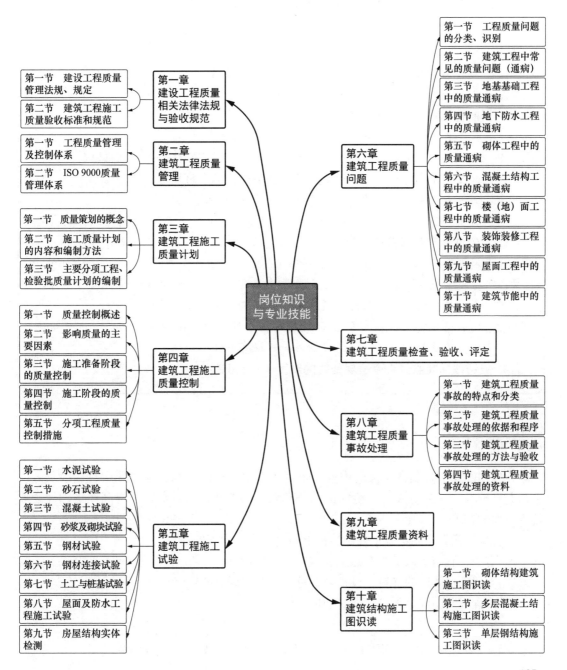

第一章 建设工程质量相关法律法规与验收规范

第一节 建设工程质量管理法规、规定

考点1：实施工程建设强制性标准的规定 ★

> **教材点睛** 教材[①] P1-2
>
> **1. 工程建设强制性标准**：直接涉及工程质量、安全、卫生及环境保护等方面的工程建设标准强制性条文。
>
> **2. 强制性标准监督检查的内容**
> （1）有关工程技术人员是否熟悉、掌握强制性标准。
> （2）工程项目的规划、勘察、设计、施工、验收等是否符合强制性标准的规定。
> （3）工程项目采用的材料、设备是否符合强制性标准的规定。
> （4）工程项目的安全、质量是否符合强制性标准的规定。
> （5）工程中采用的导则、指南、手册、计算机软件的内容是否符合强制性标准的规定。
>
> **3. 强制性标准监督检查的方式**
> （1）建设项目规划审查机关、施工设计图设计文件审查单位、建筑安全监督管理机构、工程质量监督机构等单位，按各自管辖范围对强制性标准执行情况进行监督。
> （2）各监督机构的技术人员必须熟悉、掌握工程建设强制性标准。
> （3）工程建设标准批准部门应当定期对各单位实施强制性标准的监督进行检查，对监督不力的单位和个人，给予通报批评，建议有关部门处理。
>
> **4. 强制性标准监督检查违规处罚的规定【详见P2】**

巩固练习

1.【判断题】强制性条文的内容，是现行工程建设国家和行业标准中直接涉及人民生命财产安全、人身健康、环境保护和公众利益的条文，同时考虑了提高经济和社会效益等方面的要求。（ ）

2.【单选题】下列不属于强制性标准监督检查的内容的是（ ）。
A. 有关工程技术人员是否熟悉、掌握强制性标准
B. 工程项目采用的材料、设备是否符合强制性标准的规定
C. 工程竣工验收是否符合强制性标准的规定

[①] 本书下篇涉及的教材，指《质量员岗位知识与专业技能（土建方向）（第三版）》，请读者结合学习。

D. 工程项目的规划、勘察、设计、施工、验收等是否符合强制性标准的规定

3.【单选题】施工图设计文件审查单位应当对（　　）阶段执行强制性标准的情况实施监督。

A. 工程建设勘察、设计　　　　B. 工程建设规划
C. 工程建设施工　　　　　　　D. 工程建设验收

4.【单选题】下列不属于强制性标准监督检查的方式的是（　　）。

A. 施工图设计文件审查单位应当对工程建设勘察、设计阶段执行强制性标准的情况实施监督
B. 建设项目规划审查机构应当对工程建设规划阶段执行强制性标准的情况实施监督
C. 工程质量监督机构应当对工程建设施工、监理、验收等阶段执行强制性标准的情况实施监督
D. 质量检查员应当对整个施工过程进行质量监督

5.【单选题】施工单位违反工程建设强制性标准的，责令改正，处工程合同价款（　　）的罚款；造成建设工程质量不符合规定的质量标准的，负责返工、修理，并赔偿因此造成的损失；情节严重的，责令停业整顿，降低资质等级或者吊销资质证书。

A. 1% 以上，2% 以下　　　　B. 2% 以上，3% 以下
C. 2% 以上，4% 以下　　　　D. 2% 以上，5% 以下

6.【单选题】有关责令停业整顿、降低资质等级和吊销资质证书的行政处罚，由（　　）决定。

A. 建设行政主管部门　　　　　B. 有关部门依照法定职权
C. 审查资质证书的机关　　　　D. 颁发资质证书的机关

7.【多选题】以下符合强制性标准监督检查违规处罚规定的是（　　）。

A. 任何单位和个人对违反工程建设强制性标准的行为有权向建设行政主管部门或者有关部门检举
B. 暗示设计单位违反工程建设强制性标准，降低工程质量，处以 20 万元以上 50 万元以下的罚款
C. 施工单位违反工程建设强制性标准的，责令改正，处工程合同价款 1% 以上 2% 以下的罚款
D. 降低资质等级的行政处罚，由颁发资质证书的机关决定
E. 监理单位违反强制性标准规定，将不合格的设备按照合格签字的，处 60 万元罚款

【答案】1. √；2. C；3. A；4. D；5. C；6. D；7. ABDE

考点 2：房屋建筑工程和市政基础设施工程竣工验收备案、保修★

教材点睛　教材 P2-4

法规依据：《住房和城乡建设部关于修改〈房屋建筑工程和市政基础设施工程竣工验收备案管理暂行办法〉的决定》《建设工程质量管理条例》《建筑法》。

> **教材点睛** 教材 P2-4（续）

1. 工程竣工验收条件【详见 P2-3】
2. 工程竣工验收程序：施工单位提交工程竣工报告→总监理工程师签署意见→建设单位制定验收方案→建设单位提前 7 个工作日书面通知工程质量监督机构→建设单位组织工程竣工验收。
3. 竣工备案
（1）建设单位应当自工程竣工验收合格之日起 15 日内，依法向当地备案机关备案。
（2）建设单位办理工程竣工验收备案应当提交的文件【详见 P3】。
4. 建设工程的最低保修期限
（1）基础设施工程、房屋建筑的地基基础工程和主体结构工程，为设计文件规定的合理使用年限。
（2）屋面防水工程、有防水要求的卫生间、房间和外墙面的防渗漏，为 5 年。
（3）供热与供冷系统，为 2 个供暖期、供冷期。
（4）电气管线、给水排水管道、设备安装和装修工程，为 2 年。
注：建设工程的保修期，自竣工验收合格之日起计算。

考点 3：房屋建筑工程质量违规处罚、专项质量检测、见证取样检测规定★

> **教材点睛** 教材 P4-6

1. 房屋建筑工程质量违规处罚的相关规定【详见 P4-5】
2. 建设工程专项质量检测、见证取样检测的业务内容的规定【详见 P5-6】

> **巩固练习**

1.【判断题】施工单位在工程完工后对工程质量进行检查，确认工程质量符合有关法律、法规和工程建设强制性标准，符合设计文件及合同要求，并提出工程竣工报告。工程竣工报告应经项目经理和施工单位有关负责人审核签字。（　　）

2.【判断题】施工单位必须按照工程设计要求、施工技术标准和合同约定，对建筑材料、建筑构配件、设备和商品混凝土进行检验，检验应当有书面记录和专人签字；未经检验或者检验不合格的，可以使用。（　　）

3.【单选题】施工单位违反工程建设强制性标准的，责令改正，处工程合同价款（　　）的罚款；造成建设工程质量不符合规定的质量标准的，负责返工、修理，并赔偿因此造成的损失；情节严重的，责令停业整顿，降低资质等级或者吊销资质证书。
　　A. 1% 以上，2% 以下　　　　B. 2% 以上，3% 以下
　　C. 2% 以上，4% 以下　　　　D. 2% 以上，5% 以下

4.【单选题】有关责令停业整顿、降低资质等级和吊销资质证书的行政处罚，由

( )决定。

A. 建设行政主管部门 B. 有关部门依照法定职权
C. 审查资质证书的机关 D. 颁发资质证书的机关

5.【单选题】工程竣工验收工作,由( )负责组织实施。县级以上地方人民政府建设主管部门负责本行政区域内工程的竣工验收备案管理工作。

A. 建设单位 B. 总承包单位
C. 分包单位 D. 设计单位

6.【单选题】下列不是工程竣工验收的要求的是( )。

A. 完成工程设计和合同约定的各项内容
B. 建设单位已按合同约定支付工程款
C. 有部分技术档案和施工管理资料
D. 有施工单位签署的工程质量保修书

7.【单选题】建设单位应当自工程竣工验收合格之日起( )内,依照相关规定,向工程所在地的县级以上地方人民政府建设主管部门备案。

A. 10日 B. 15日
C. 20日 D. 25日

8.【单选题】下列关于正常使用条件下,建设工程的最低保修期限表述错误的是( )。

A. 基础设施工程、房屋建筑的地基基础和主体结构工程,为设计文件规定的该工程的合理使用年限
B. 屋面防水工程、有防水要求的卫生间、房间和外墙面的防渗漏,为5年
C. 供热与供冷系统,为2个供暖期、供冷期
D. 电气管线、给水排水管道、设备安装和装修工程,为3年

9.【单选题】建筑施工企业在施工中偷工减料的,使用不合格的建筑材料、建筑构配件和设备的,或者有其他不按照工程设计图纸或者施工技术标准施工的行为的,( )。

A. 责令改正,处以罚款 B. 责令停业整顿,降低资质等级
C. 责令停业整顿,吊销资质证书 D. 依法追究刑事责任

10.【单选题】建筑工程采用的主要材料、半成品、成品、建筑构配件、器具和设备应进行现场验收,凡涉及安全、节能、环境保护和主要使用功能的重要材料、产品,应按各专业工程施工规范、验收规范和设计文件等规定进行复验,并应经( )检查认可。

A. 监理工程师 B. 建设单位技术负责人
C. 施工单位技术负责人 D. 项目经理

11.【单选题】对涉及结构安全、节能、环境保护和使用功能的重要分部工程,应在验收前按规定进行( )。

A. 见证取样检测 B. 全数检验
C. 抽验检验 D. 实体检测

12.【多选题】建设工程承包单位在向建设单位提交工程竣工验收报告时,应当向建设单位出具质量保修书。质量保修书中应当明确建设工程的( )等。

A. 保修范围 B. 保修经费
C. 保修期限 D. 保修责任
E. 保修负责人

13.【多选题】对涉及结构（　　）的试块、试件及材料，应在进场时或施工中按规定进行见证检验。

A. 隐蔽工程 B. 安全
C. 节能 D. 环境保护
E. 主要使用功能

14.【多选题】检验批的质量应按（　　）验收。

A. 主要项目 B. 主控项目
C. 特殊项目 D. 一般项目
E. 合格项目

【答案】1. √；2. ×；3. C；4. D；5. A；6. C；7. B；8. D；9. A；10. A；11. C；12. ACD；13. BCDE；14. BD

第二节　建筑工程施工质量验收标准和规范

考点4：建筑工程施工质量验收规范要求★

> **教材点睛**　教材 P6-21
>
> **法规依据**：《建筑工程施工质量验收统一标准》GB 50300—2013；
> 《建筑地基基础工程施工质量验收标准》GB 50202—2018；
> 《混凝土结构工程施工质量验收规范》GB 50204—2015；
> 《砌体结构工程施工质量验收规范》GB 50203—2011；
> 《钢结构工程施工质量验收标准》GB 50205—2020；
> 《屋面工程质量验收规范》GB 50207—2012；
> 《地下防水工程质量验收规范》GB 50208—2011；
> 《建筑地面工程施工质量验收规范》GB 50209—2010；
> 《民用建筑工程室内环境污染控制标准》GB 50325—2020；
> 《建筑节能工程施工质量验收标准》GB 50411—2019。
>
> 1. 建筑工程质量验收的划分、合格判定、质量验收的程序和组织【详见 P6-8】
> 2. 建筑地基基础工程施工质量验收的要求【详见 P8-9】
> 3. 混凝土结构施工质量验收的要求【详见 P9】
> 4. 砌体工程施工质量验收的要求【详见 P9-10】
> 5. 钢结构工程施工质量验收的要求【详见 P11】
> 6. 屋面工程质量验收的要求【详见 P11-14】

> **教材点睛** 教材 P6-21（续）
>
> 7. 地下防水工程质量验收的要求【详见 P14-15】
> 8. 建筑地面工程施工质量验收的要求【详见 P15-16】
> 9. 民用建筑工程室内环境污染控制的要求【详见 P16-19】
> 10. 建筑节能工程施工质量验收的要求【详见 P19-21】

巩固练习

1. 【判断题】工程质量验收均应在施工单位自检合格的基础上进行。（ ）
2. 【判断题】对于规模较大的单位工程，可按照施工特点和专业系统划分为若干个子单位工程。（ ）
3. 【判断题】施工前，应由施工单位制定分项工程和检验批的划分方案，并由建设单位审核。（ ）
4. 【判断题】经有资质的检测单位检测鉴定达不到设计要求，但经原设计单位核算认可能够满足结构安全和使用功能的验收批，不予验收。（ ）
5. 【判断题】检验批应由专业监理工程师组织施工单位项目专业技术负责人等进行验收。（ ）
6. 【判断题】地基基础工程大量都是地下工程，为避免不必要的重大事故或损失，遇到施工异常情况出现时，应停止施工，待妥善解决后再恢复施工。（ ）
7. 【判断题】对涉及混凝土结构安全的有代表性的部位应进行结构实体检验。结构实体检验由监理单位组织施工单位实施，并见证实施过程。（ ）
8. 【判断题】对有可能影响结构安全的砌体裂缝，应由有资质的检测单位检测鉴定，需返修加固处理的，待返修或加固满足使用要求后进行二次验收。（ ）
9. 【判断题】民用建筑工程及室内装修工程的室内环境质量验收，应在工程完工至少 7d 以后、工程交付使用前进行。（ ）
10. 【判断题】室内环境质量验收不合格的民用建筑工程，协商后可投入使用。（ ）
11. 【单选题】分部工程质量应由（ ）组织相关人员进行验收。
   A. 项目经理   B. 施工单位技术负责人
   C. 总监理工程师   D. 项目专业质量检查员
12. 【单选题】有些地基与基础工程规模较大，内容较多，既有桩基又有地基处理，甚至基坑开挖等，可按工程管理的需要，根据《建筑工程施工质量验收统一标准》GB 50300—2013 所划分的范围，确定（ ）。
   A. 单位工程   B. 子单位工程
   C. 分项工程   D. 子分部工程
13. 【单选题】钢结构分项工程检验批一般项目的检验结果应有（ ）的检查点（值）符合规范合格质量标准的要求，且最大值不应超过其允许偏差值的 1.2 倍。

A. 70%及以上 B. 80%及以上
C. 85%及以上 D. 90%及以上

14.【单选题】通过返修或加固处理仍不能满足安全使用要求的钢结构分部工程，（   ）。

　　A. 应予以验收 B. 按协商文件进行验收
　　C. 按处理技术方案进行验收 D. 严禁验收

15.【单选题】下列关于钢结构工程进行施工质量控制的规定，表述错误的是（   ）。

　　A. 采用的原材料及成品应进行进场验收
　　B. 各工序应按施工技术标准进行质量控制，每道工序完成后，应进行检查
　　C. 相关各专业工种之间，应进行交接检验，并经监理工程师（建设单位技术负责人）检查认可
　　D. 凡涉及安全、功能的原材料及成品应按规范规定进行复检，并应经质检人员见证取样、送样

16.【单选题】屋面工程验收的文件和记录体现了施工全过程控制，必须做到真实、准确，不得有涂改和伪造，（   ）签字后方可有效。

　　A. 项目经理 B. 各级技术负责人
　　C. 总监理工程师 D. 质量员

17.【单选题】屋面工程验收后，应填写分部工程质量验收记录，交建设单位和（   ）存档。

　　A. 施工单位 B. 监理单位
　　C. 设计单位 D. 承建单位

18.【单选题】下列不属于注浆工程的质量要求的是（   ）。

　　A. 注浆孔的间距、深度及数量应符合设计要求
　　B. 反滤层的砂、石粒径、含泥量和层次排列应符合设计要求
　　C. 注浆效果应符合设计要求
　　D. 地表沉降控制应符合设计要求

19.【单选题】建筑地面工程施工质量的检验规定，基层（各构造层）和各类面层的分项工程的施工质量验收应将每一层次或每层施工段（或变形缝）作为检验批，高层建筑的标准层可将每（   ）层作为检验批。

　　A. 1 B. 2
　　C. 3 D. 4

20.【单选题】下列不属于建筑地面工程子分部工程观感质量综合评价应检查的项目的是（   ）。

　　A. 变形缝的位置和宽度以及填缝质量符合规定
　　B. 室内建筑地面工程按各子分部工程经抽查分别作出评价
　　C. 楼梯、踏步等工程项目经抽查分别作出评价
　　D. 地面平整度的观感质量作出评价

21.【单选题】民用建筑工程室内环境中甲醛、苯、氨、总挥发性有机化合物（TVOC）浓度检测时，对采用自然通风的民用建筑工程，检测应在对外门窗关闭（   ）

后进行。

A. 1h
B. 6h
C. 12h
D. 24h

22.【单选题】钢筋分项工程应由（　　）组织施工单位项目专业技术负责人等进行验收。

A. 专业监理工程师
B. 总监理工程师
C. 施工单位项目负责人
D. 设计单位项目负责人

23.【单选题】地基基础工程质量验收的程序和组织应按现行国家标准《建筑工程施工质量验收统一标准》GB 50300—2013 有关规定执行。作为合格标准主控项目应全部合格，一般项目合格数应不低于（　　）。

A. 60%
B. 70%
C. 80%
D. 90%

24.【单选题】工程竣工验收存档资料要求所有竣工图均应加盖竣工图章，竣工图应由（　　）根据项目建设实际情况绘制。

A. 施工单位
B. 设计单位
C. 建设单位
D. 监理单位

25.【多选题】建筑工程质量验收应划分为（　　）。

A. 单位工程
B. 分部工程
C. 分项工程
D. 检验批
E. 主体工程

26.【多选题】检验批可根据施工、质量控制和专业验收需要，按（　　）进行划分。

A. 工程量
B. 楼层
C. 施工段
D. 变形缝
E. 施工程序

27.【多选题】分部工程质量验收合格应符合的规定是（　　）。

A. 所含分项工程的质量均应验收合格
B. 质量控制资料应完整
C. 有关安全、节能、环境保护和主要使用功能的抽样检验结果应符合相应规定
D. 观感质量应符合要求
E. 主要功能项目的抽查结果应符合相关专业质量验收规范的规定

28.【多选题】建设单位收到工程竣工验收报告后，应由建设单位项目负责人组织（　　）等单位项目负责人进行单位工程验收。

A. 施工
B. 设计
C. 监理
D. 检测
E. 勘察

29.【多选题】混凝土结构子分部工程结构实体检验的内容应包括（　　）。

A. 混凝土强度
B. 钢筋保护层厚度
C. 结构位置及尺寸偏差
D. 隐蔽工程
E. 合同约定的项目

30.【多选题】对混凝土结构实体检验,除( )外的检验项目,应由具有相应资质的检测机构完成。

A. 混凝土强度 B. 钢筋保护层厚度
C. 结构位置 D. 尺寸偏差
E. 隐蔽工程

31.【多选题】民用建筑工程室内环境污染物主要有( )和TVOC。

A. 氡 B. 甲醛
C. 苯 D. 氨
E. 氢

32.【多选题】主体结构应由总监理工程师组织( )进行工程验收。

A. 施工单位项目负责人 B. 勘察单位项目负责人
C. 设计单位项目负责人 D. 施工单位质量负责人
E. 施工单位技术负责人

33.【多选题】建设单位收到某住宅楼工程竣工报告后,应由建设单位项目负责人组织( )进行单位工程验收。

A. 监理单位项目负责人 B. 勘察单位项目负责人
C. 设计单位项目负责人 D. 施工单位项目负责人
E. 施工单位技术负责人

【答案】1. √;2. ×;3. ×;4. ×;5. ×;6. √;7. √;8. √;9. √;10. ×;11. C;12. D;13. B;14. D;15. D;16. B;17. A;18. B;19. C;20. D;21. A;22. A;23. C;24. A;25. ABCD;26. ABCD;27. ABCD;28. ABCE;29. ABCE;30. CD;31. ABCD;32. ACDE;33. ABCD

第二章 建筑工程质量管理

第一节 工程质量管理及控制体系

考点 5：工程质量管理及控制体系 ★ ●

> **教材点睛** 教材 P22-26
>
> **1. 工程质量管理概念和特点**
> （1）工程质量管理概念：把质量问题消灭在其形成过程中，以预防为主，并以全过程多环节致力于质量的提高，使工程建设全过程都处于受控状态。
> （2）建筑工程质量管理的特点：影响质量的因素多；质量波动大；质量的隐蔽性；终检的局限性；评价方法的特殊性。
> **2. 质量控制体系的组织框架**
> （1）质量控制体系建立目的：为满足产品的质量要求，而实时进行的质量测量和监督检查系统。
> （2）质量控制体系构成：包括作业标准、作业流程、作业记录以及监督检查组织机构。
> 1）作业标准和作业流程属于质量控制依据。
> 2）作业标准、作业流程和作业记录属于质量控制文件。
> 3）监督检查组织机构属于实施质量控制的组织。
> **3. 模板、钢筋、混凝土等分部分项工程的施工质量控制流程【详见 P24-26】**

巩固练习

1.【判断题】广义的工程质量管理，泛指建设全过程的质量管理。其管理的范围贯穿于工程建设的决策、勘察、设计、施工的全过程。一般意义的质量管理，指的是工程设计阶段的管理。（　）

2.【判断题】检验批的质量是分项工程乃至整个工程质量检验的基础，检验批质量合格主要取决于主控项目和一般项目经抽样检验的结果。（　）

3.【判断题】隐蔽工程在隐蔽前要检查合格后验收，涉及结构安全的试块、试件以及有关资料，应按规定进行见证取样检测，涉及结构安全和使用功能的重要分部工程要进行抽样检测。（　）

4.【判断题】模板工程施工质量控制流程：准备工作→技术交底→支模→质量评定→拆模→资料管理。（　）

5.【单选题】工程质量的检查评定及验收是按检验批、分项工程、分部工程、单位工程进行的。（　　）的质量是分项工程乃至整个工程质量检验的基础。
   A. 检验批　　　　　　　　　　B. 分项工程
   C. 分部工程　　　　　　　　　D. 单位工程

6.【单选题】当使用材料的规格、品种有误，施工方法不妥，操作不按规程，机械故障，仪表失灵，检测设备精度失控等时，都会引起系统性因素的质量变异，造成工程质量事故。为此，在施工中要严防出现系统性因素的质量变异，要把质量变异控制在（　　）因素范围内。
   A. 必然性　　　　　　　　　　B. 突发性
   C. 经常性　　　　　　　　　　D. 偶然性

7.【单选题】工程项目建设，工程质量管理，要求把质量问题消灭在其形成过程中，这就要求抓好质量管理的重点，下列说法错误的是（　　）。
   A. 预防为主　　　　　　　　　B. 改正为主
   C. 管因素　　　　　　　　　　D. 管结果

8.【单选题】工程项目建成后，不可能像某些工业产品那样，再拆卸或解体检查内在的质量，或重新更换零件；即使发现质量有问题，也不可能像工业产品那样实行"包换"或"退款"。而工程项目的终检无法进行工程内在质量的检验，发现隐蔽的质量缺陷。这是指建筑工程质量管理的（　　）的特点。
   A. 影响质量的因素多　　　　　B. 质量波动大
   C. 质量的隐蔽性　　　　　　　D. 终检的局限性

9.【多选题】建筑工程质量管理的特点有（　　）。
   A. 影响质量的因素少　　　　　B. 质量波动大
   C. 质量的隐蔽性　　　　　　　D. 终检的局限性
   E. 评价方法的特殊性

10.【多选题】质量控制体系的构成包括（　　）。
   A. 作业标准　　　　　　　　　B. 作业流程
   C. 作业方法　　　　　　　　　D. 作业记录
   E. 监督检查组织机构

【答案】1. ×；2. √；3. √；4. √；5. A；6. D；7. D；8. D；9. BCDE；10. ABDE

第二节　ISO 9000 质量管理体系

考点 6：ISO 9000 质量管理体系●

> **教材点睛**　教材 P27—32
>
> **1. ISO 9000 质量管理体系概述**
> （1）我国现行 ISO 9000 管理标准：GB/T 19000：2000 族国家标准。

教材点睛 教材 P27-32（续）

（2）ISO 9000：2000 中有术语 80 个，共分成质量、管理、组织、过程和产品、特性、合格（符合）、文件、检查、审核、测量过程质量保证 10 个方面【详见 P27】。

2. 质量管理的八项原则： ① 以顾客为关注焦点；② 领导作用；③ 全员参与；④ 过程方法；⑤ 管理的系统方法；⑥ 持续改进；⑦ 基于事实的决策方法；⑧ 与供方互利的关系。

3. 建筑工程质量管理中实施 ISO 9000 标准的意义

（1）为建筑施工企业站稳国内、走向国际建筑市场奠定基础。

（2）有利于提高建筑产品的质量、降低成本。

（3）有利于提高企业自身的技术水平和管理水平，增强企业的竞争力。

（4）有利于保证用户的利益。

4. 建立和运行项目质量管理体系中的要点

（1）明确的职责分工和奖励措施。

（2）工作程序化。

（3）有效的控制方法：一切以书面记录为准；坚持工程例会制度，对项目运行进行实时监控；系统有序的文件管理。

5. 质量管理体系优越性的体现

（1）提高了内部管理的严肃性和有效性。

（2）有助于项目部加强现场监控、控制工程成本。

（3）提供有利的施工环境。

（4）为索赔工作提供最有力的支持。

巩固练习

1. 【判断题】ISO 9000：2000 中有术语 80 个，分成 10 个方面。（　　）

2. 【判断题】1987 年，ISO/TC176 发布了举世瞩目的 ISO 9000 系列标准，我国于 1988 年 10 月发布了 GB/T 10300 系列标准，并"等效采用"。为了更好地与国际接轨，又于 1990 年 10 月发布了 GB/T 19000 系列标准并"等效采用 ISO 9000 族标准"。（　　）

3. 【判断题】有效的决策应建立在数据和信息分析的基础上，数据和信息分析是事实的高度提炼。（　　）

4. 【单选题】ISO 9000：2000 中有术语 80 个，以下属于有关质量的术语的是（　　）。

　　A. 管理体系　　　　　　　　B. 组织结构

　　C. 质量特性　　　　　　　　D. 顾客满意

5. 【单选题】领导确立本组织统一的宗旨和方向，并营造和保持员工充分参与实现组织目标的内部环境。因此，领导在企业的质量管理中起着决定性的作用，只有领导重视，各项质量活动才能有效开展。这是指质量管理的八项原则中（　　）的具体内容。

　　A. 以顾客为关注焦点　　　　B. 领导作用

C. 全员参与　　　　　　　　　D. 过程方法

6.【单选题】以（　　）为依据作出决策，可防止决策失误。

A. 事实　　　　　　　　　　B. 数据

C. 信息　　　　　　　　　　D. 主观判断

7.【多选题】建筑工程质量管理中实施 ISO 9000 族标准的意义主要体现在（　　）。

A. 为建筑施工企业站稳国内、走向国际建筑市场奠定基础

B. 有利于提高建筑产品的质量、降低成本

C. 有利于提高企业自身的技术水平和管理水平，增强企业的竞争力

D. 有利于承接更多的项目

E. 有利于保证用户的利益

8.【多选题】以下属于有关特性的术语的是（　　）。

A. 特性　　　　　　　　　　B. 等级

C. 质量特性　　　　　　　　D. 可信性

E. 可追溯性

9.【多选题】不同企业应根据自己的特点，建立（　　）等方面的关联关系，并加以控制。

A. 资源管理　　　　　　　　B. 过程实现

C. 测量分析改进　　　　　　D. 持续改进

E. 基于数据的决策方法

10.【多选题】一般建立实施质量管理体系包括（　　）。

A. 确定防止不合格产品并消除其产生原因的措施

B. 建立和应用持续改进质量管理体系的过程

C. 质量管理体建立在数据和信息分析的基础上，数据和信息分析是事实的高度提炼

D. 实施测量确定过程的有效性

E. 确定实现目标的过程和职责

11.【多选题】质量管理体系的优越性体现在（　　）。

A. 提高了内部管理的严肃性和有效性

B. 有助于项目部加强现场监控、控制工程成本

C. 提供有利的施工环境

D. 有利于提高企业自身的技术水平和管理水平，增强企业的竞争力

E. 为索赔工作提供最有力的支持

【答案】1. √；2. √；3. √；4. D；5. B；6. A；7. ABCE；8. ACDE；9. ABC；10. ABDE；11. ABCE

第三章 建筑工程施工质量计划

第一节 质量策划的概念

考点 7：质量策划的概念

> **教材点睛** 教材 P33-34
>
> **1. 现代质量管理的基本宗旨**："质量出自计划，而非出自检查"。
> **2. 质量计划定义**：针对指定的项目、产品或合同规定由谁及何时应使用哪些程序和相关资源的文件。
> **3. 质量管理的内容**：包括质量方针和质量目标的建立、质量策划、质量控制、质量保证和质量改进。
> **4. 质量策划的内容及作用**
> （1）质量策划致力于设定质量目标。
> （2）质量策划要为实现质量目标规定必要的作业过程和相关资源。
> （3）质量策划的结果应形成质量计划。

巩固练习

1.【判断题】只有做出精确标准的质量计划，才能指导项目的实施、做好质量控制。
（　　）

2.【判断题】在质量管理中，质量策划的地位低于质量方针的建立，是设定质量目标前提，高于质量控制和质量保证。（　　）

3.【判断题】通过质量策划，将质量策划设定的质量目标及其规定的作业过程和相关资源用书面形式表示出来，就是质量计划。（　　）

4.【判断题】编制质量计划的过程，实际上就是实现质量目标过程的一部分。
（　　）

5.【单选题】质量策划的首要结果是设定（　　）。
A. 质量方案　　　　　　　　B. 质量计划
C. 质量方针　　　　　　　　D. 质量目标

6.【多选题】质量管理通常包括（　　）。
A. 质量策划　　　　　　　　B. 质量保证
C. 质量检验　　　　　　　　D. 质量控制
E. 质量改进

【答案】1. √；2. √；3. √；4. ×；5. D；6. ABDE

第二节 施工质量计划的内容和编制方法

考点8：施工质量计划的内容和编制方法 ★

> **教材点睛** 教材 P34-41
>
> **1. 质量计划的内容**：包括编制依据、工程概况及施工条件分析、质量总目标及其分解目标、质量管理组织机构和职责、施工准备及资源配置计划、确定施工工艺和施工方案、施工质量的检验与检测控制、质量记录八个部分。
>
> **2. 施工准备及资源配置计划**
>
> （1）施工准备：施工技术准备、编制工程质量控制预案、编制"四新"、列出本工程所需的检验试验计划、编制工程纠正预防措施、编制工程防护措施。
>
> （2）主要资源配置计划：劳动组织准备、施工物资准备、施工机具准备。
>
> （3）施工现场准备：施工现场临时用水、用电、施工道路、临时设施、各类加工棚、库房等的准备，应附有施工现场排水平面图、用电系统图；现场控制网测量。
>
> （4）施工管理措施：季节性施工措施、质量技术管理措施、安全施工技术措施、施工成本控制措施、文明施工管理措施、工期保证措施。
>
> **3. 施工质量的检验与检测控制**
>
> （1）质量检验的控制制度：主要包括技术复核制度、现场材料进货验收和现场见证取样送检制度、工程验收的"三检"制度、隐蔽验收制度、首件样板制度、质量联查制度和质量奖惩办法等。
>
> （2）检（试）验计划书的编制内容
>
> 1) 规定材料、构件、施工条件、结构形式在什么条件、什么时间验，验什么，谁来验等。
>
> 2) 规定施工现场必须设立试验室（员）配置相应的试验设备，完善试验条件，规定试验人员资格和试验内容。
>
> 3) 对于特定要求要规定试验程序及对程序过程进行控制的措施。
>
> 4) 对于需要进行状态检验和试验的内容，必须规定每个检验试验点所需检验及试验的特性、所采用程序、验收准则、必需的专用工具、技术人员资格、标识方式、记录等要求。
>
> 5) 当有业主亲自参加见证或试验的过程或部位时，要规定该过程或部位的所在地、见证或试验时间、如何按规定进行检验试验、前后接口部位的要求等内容。

巩固练习

1.【判断题】施工工艺的组织方案主要包括施工段的划分，施工的起点、流向，流

水施工的形式和劳动组织，合理规划施工临时设施，合理布置施工总平面图和各阶段施工平面图等。（　　）

2.【判断题】建筑施工质量记录就是从建筑施工企业签订施工合同开始，一直到完成合同规定施工任务与工程或产品质量相关的记录，但不包括来自分承包方的质量记录。（　　）

3.【单选题】工程概况所需简要描述的不包括（　　）。

A. 建设工程的工程总体概况　　　　B. 建筑设计概况
C. 勘察设计概况　　　　　　　　　D. 专业设计概况

4.【单选题】（　　）是企业法人在工程项目上的代表，是项目工程质量第一责任人，对工程质量终身负责。

A. 工长　　　　　　　　　　　　　B. 项目质量副经理
C. 项目经理　　　　　　　　　　　D. 总监理工程师

5.【单选题】（　　）不属于分项工程施工工艺方案中的技术措施。

A. 施工准备　　　　　　　　　　　B. 操作工艺
C. 质量标准　　　　　　　　　　　D. 施工段划分

6.【单选题】下列不属于质量技术管理措施的是（　　）。

A. 对于材料的采购、贮存、标识等作出明确的规定，保证不合格材料不得用于工程
B. 施工技术资料管理目标及措施
C. 工程施工难点、重点所采取的技术措施、质量保证措施等
D. 对达到一定规模的危险性较大的分部分项工程编制专项安全施工方案，并附安全验算结果

7.【单选题】（　　）是及时发现和消除不合格工序的主要手段。

A. 质量报验　　　　　　　　　　　B. 质量检测
C. 质量整改　　　　　　　　　　　D. 质量复检

8.【多选题】质量计划施工准备包括（　　）。

A. 施工技术准备　　　　　　　　　B. 编制工程纠正预防措施
C. 编制工程应急预案　　　　　　　D. 编制工程质量控制预案
E. 编制工程防护措施

9.【多选题】下列属于分项工程施工准备及资源配置计划的是（　　）。

A. 施工准备　　　　　　　　　　　B. 施工物资准备
C. 劳动组织准备　　　　　　　　　D. 施工机具准备
E. 质量计划编制方法

【答案】1. √；2. ×；3. C；4. C；5. D；6. D；7. B；8. ABDE；9. ABDE

第三节　主要分项工程、检验批质量计划的编制

考点9：分项工程质量计划的编制★

> **教材点睛**　教材 P41-48

1. 分项工程质量计划的内容

（1）分项工程质量计划内容形式上与单位工程质量计划的内容基本相同，但针对性更强，内容更具体。

（2）分项工程质量计划内容：编制依据、工程概况、质量总目标及其分解目标、质量管理组织机构和职责、施工准备及资源配置计划；施工工艺与操作方法的技术措施和施工组织措施；施工质量检验、检测、试验工作、检验批验收标准，验收管理、质量记录等。

2. 分项工程质量计划编制方法

（1）分项工程质量计划的编制依据：施工图文件；与本分项工程有关的规范、标准、规程；施工承包合同、工程预算文件和资料、工期、质量和成本控制目标等。

（2）分项工程质量计划工程概况：简要概述工程建设的通用信息，描述与本分项工程有关的主要信息。

（3）分项工程质量计划的质量目标及其分解：将工程质量目标分解到分项工程验收标准中。

（4）质量管理组织机构和职责：建立下至作业班组长的、针对单一分项工程的组织机构和岗位职责。

（5）分项工程施工准备及资源配置计划：针对单一分项工程的施工准备和资源配置计划，内容要求具体、详尽。内容包括施工技术准备、劳动组织准备、施工物资准备、施工机具准备。

（6）分项工程施工工艺的技术措施和施工组织措施：包括技术措施和组织措施两个方面。

（7）分项工程施工质量控制要点：质量保证措施的着眼点在该分项工程所包含的每一个检验批。

3. 质量保证措施：包括施工材料质量保证措施，施工人员的技术素质保证措施，坚持全过程的质量控制（制定施工方法、技术支持、质量技术交底、开展班前活动、执行"三检"制、定期和不定期监督检查）。

4. 明确检验批验收标准，加强验收管理

（1）检验批可根据施工、质量控制和专业验收的需要，按工程量、楼层、施工段、变形缝进行划分。

（2）明确检验批验收标准：依据《建筑工程施工质量验收统一标准》GB 50300—2013。

（3）加强验收管理：严格执行"自检、互检、交接检"的"三检"制度。

> **教材点睛** 教材 P41-48（续）
>
> （4）加强检验试验管理：编制《检验试验策划书》；建立《进场材料台账》《检验试验台账》。
>
> **5. 分项工程质量记录内容**【详见 P48】

巩固练习

1.【判断题】有施工的地方必须有技术员或质检人员在场，监理在抽检时，技术员必须在场。（　　）

2.【单选题】对一、二级抗震等级，钢筋的屈服强度实测值与屈服强度标准值的比值不应大于（　　）。
   A. 1.0　　　　　　　　　　B. 1.2
   C. 1.3　　　　　　　　　　D. 1.5

3.【单选题】绑扎搭接接头钢筋的横向净距不应小于钢筋直径，且不应小于（　　）。
   A. 18mm　　　　　　　　　B. 20mm
   C. 22mm　　　　　　　　　D. 25mm

4.【单选题】下列不属于钢筋连接工程质量控制要点的是（　　）。
   A. 钢筋连接操作前要逐级进行安全技术交底，并履行签字手续
   B. 钢筋机械连接和焊接的操作人员必须持证上岗
   C. 焊（条）剂、套筒等材料必须符合技术检验认定的技术要求，并具有相应的出厂合格证
   D. 若发现钢筋脆断、焊接性能不良或力学性能显著不正常等现象时，应立即停止使用

5.【单选题】施工材料的质量保证，是指保证用于施工的材料质量符合标准，并将产品合格证、（　　）收集整理。
   A. 产品检测报告　　　　　　B. 产品消耗量
   C. 产品规格型号　　　　　　D. 进场复验报告

6.【多选题】坚持全过程的质量控制包括（　　）。
   A. 执行质量三级检验制度　　B. 技术支持
   C. 施工人员培训　　　　　　D. 开展班前活动
   E. 质量技术交底

7.【多选题】分项工程质量保证，首先应建立健全（　　），在认真组织进行施工图会审和技术交底的基础上，进一步强化对关键部位和影响工程全局的技术工作的复核。
   A. 新规范　　　　　　　　　B. 技术复核制度
   C. 技术交底制度　　　　　　D. 新制度
   E. 新设备

【答案】1. ×；2. C；3. D；4. D；5. A；6. ABDE；7. BC

第四章 建筑工程施工质量控制

第一节 质量控制概述

考点 10：质量控制概述

> **教材点睛** 教材 P49-55
>
> **1. 施工质量控制的系统过程**
> （1）按工程施工过程划分系统控制过程
>
>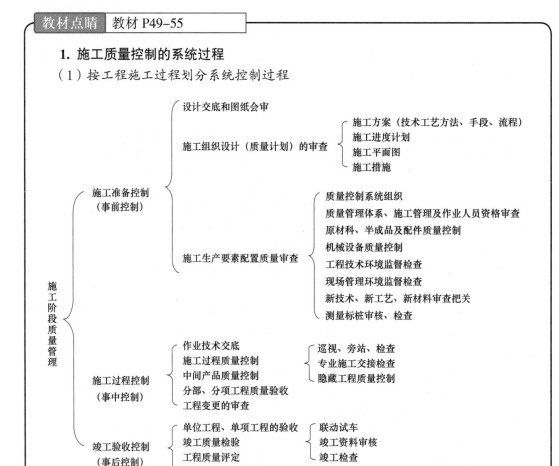
>
> （2）按工程项目施工层次划分系统控制过程：可分为单位工程、分部工程、分项工程、检验批等层次。
>
> **2. 施工质量控制的依据**（五类）：工程施工承包合同和相关合同，设计文件，技术规范、规程和标准，国家及政府有关质量管理的法律、法规性文件；企业技术标准。
>
> **3. 工程质量控制体系**：包括质量控制体系的组织框架、分部分项工程的施工质量控制流程。

第二节 影响质量的主要因素

考点 11：影响质量控制的因素

> **教材点睛** 教材 P56-57
>
> 影响质量控制的因素主要有"人、材料、机械、方法和环境"五大方面。

巩固练习

1.【判断题】企业技术标准可以作为施工阶段进行质量控制的依据。（ ）

2.【判断题】质量控制是质量管理的重要组成部分，其目的是使产品、体系或过程的固有特性达到要求，即满足顾客、法律、法规等方面所提出的质量要求（如适用性、安全性等）。所以，质量控制是通过采取一系列的作业技术和活动对各个过程实施控制的。
（ ）

3.【判断题】组织模式分为职能型模式、直线型模式、曲线—职能型模式和矩阵型模式4种模式。（ ）

4.【单选题】在（　　）阶段的质量控制，施工单位要严格按照审批的施工组织设计进行施工；对技术要求高、施工难度大的，或采用新工艺、新材料、新技术的工序和部位，须设置质量控制点。

A. 施工准备 B. 施工
C. 竣工验收 D. 使用

5.【单选题】以下不是施工准备阶段质量控制的内容的是（　　）。

A. 设计交底和图纸会审 B. 质量计划的审查
C. 施工组织设计审查 D. 隐蔽工程质量控制

6.【单选题】（　　）是最基本的控制，它决定了有关检验批的质量。

A. 施工准备质量控制 B. 施工阶段质量控制
C. 竣工验收质量控制 D. 施工作业过程的质量控制

7.【单选题】（　　）的质量决定了分项工程的质量。

A. 单项工程 B. 单位工程
C. 检验批 D. 分部工程

8.【单选题】工程质量的形成受到所有参加项目施工的工程技术干部、操作人员、服务人员共同作用，他们是形成工程质量中（　　）的因素。

A. 环境 B. 人
C. 材料 D. 方法

9.【单选题】下列不属于材料控制要点的是（　　）。

A. 加强材料的检查验收，严把质量关
B. 抓好材料的现场管理，并做好合理使用

C. 严格按规范、标准的要求组织材料的检验，材料的取样、实验操作均应符合规范要求

D. 加强材料的质量控制，是提高工程质量的重要保证

10.【多选题】以下属于施工过程阶段质量控制的内容是（　　）。

A. 作业技术交底

B. 施工组织设计（质量计划）的审查

C. 中间产品质量控制

D. 分部、分项工程质量验收

E. 工程变更的审查

11.【多选题】按工程施工过程的阶段划分，施工质量控制可分为（　　）。

A. 施工准备质量控制（事前控制）

B. 施工阶段质量控制（事中控制）

C. 竣工验收质量控制（事后控制）

D. 施工作业过程的质量控制

E. 中间产品质量控制

12.【多选题】施工阶段进行质量控制的依据有（　　）。

A. 工程施工承包合同和相关合同

B. 技术规范、规程和标准

C. 设计文件

D. 国家及政府有关部门颁布的有关质量管理方面的法律、法规性文件

E. 国外先进规范标准

13.【多选题】对于施工机械设备的选择，应注意（　　）。

A. 设备形式应与施工对象的特点及施工质量要求相适应

B. 以经济性为原则

C. 考虑施工机械的技术性能、工作效率

D. 考虑其数量配置对施工质量的影响与保证条件

E. 加强对施工机械的维修、保养、管理

14.【多选题】影响材料质量的因素主要是材料的（　　）等。

A. 成分　　　　　　　　　　B. 物理性质

C. 密度　　　　　　　　　　D. 取材地点

E. 化学性能

【答案】1. √；2. √；3. ×；4. B；5. D；6. D；7. C；8. B；9. D；10. ACDE；11. ABC；12. ABCD；13. ACD；14. ABE

第三节　施工准备阶段的质量控制

考点 12：施工准备阶段质量控制 ★

> **教材点睛** 教材 P57-61
>
> **1. 图纸会审和设计交底的工作内容**
> （1）质量检查员应了解的基本内容：设计构想及采用的设计规范；主要建筑材料、设备要求及工艺要求；各参建方对施工图的意见和建议的答复。
> （2）质量检查员参加设计交底应着重了解的内容：工程自然条件；采用的主要设计规范、建筑材料市场供应情况等；设计意图；施工注意事项。
> （3）施工图纸的现场核对分七个方面的内容【详见 P58】。
>
> **2. 施工组织设计的审查**
> （1）施工组织设计：是施工准备和施工全过程的指导性文件。应由承包单位负责人签字。
> （2）施工组织设计的审查程序
> 1）一般工程审查程序：施工单位填写《施工组织设计（方案）报审表》→项目监理工程师审查→总监理工程师审核签认→报送建设单位。
> 2）规模大、结构复杂或属于新结构、特种结构的工程审查程序：施工单位填写《施工组织设计（方案）报审表》→项目监理工程师审查→监理单位技术负责人审查→总监理工程师签发→报送建设单位。
> 3）规模大、工艺复杂的工程、群体工程或分期出图的工程，经建设单位批准可分阶段报审施工组织设计；承包单位还应编制技术复杂或采用新技术的分项、分部工程施工方案，报项目监理机构审查。
> （3）审查施工组织设计时应掌握的原则：编制、审查和批准应符合规定的程序；应符合国家技术政策，充分考虑承包合同规定条件、施工现场条件等要求，突出"质量第一、安全第一"的原则；施工组织设计的针对性；技术方案的先进性；质量管理和技术管理体系、质量保证措施健全、可行；安全、环保、消防和文明施工措施合规可行；尊重承包单位自主技术决策和管理决策。
>
> **3. 施工准备阶段的质量控制**：包括工程测量的质量控制、施工平面布置的控制、材料构配件采购订货的控制、施工机械配置的控制。

巩固练习

1.【判断题】施工组织设计应符合国家的技术政策，充分考虑承包合同规定的条件、施工现场条件及法规条件的要求，突出"质量第一、安全第一"的原则。（　　）

2.【判断题】施工顺序应符合先地下、后地上，先土建、后设备，先围护、后主体的基本规律。（　　）

3.【单选题】以下不是质量检查员参加设计技术交底会应了解的基本内容的是（　　）。
   A. 对主要建筑材料、构配件和设备的要求，所采用的新技术、新工艺、新材料、新设备的要求，以及施工中应特别注意的事项等
   B. 对建设单位、承包单位和监理单位提出的对施工图的意见和建议的答复
   C. 设计主导思想、建筑艺术构思和要求、采用的设计规范、确定的抗震等级、防火等级，基础、结构、内外装修及机电设备设计（设备造型）等
   D. 在设计交底会上确认的设计变更上会签

4.【单选题】施工阶段，（　　）是建立工作的依据。
   A. 设计文件　　　　　　　　B. 质量计划
   C. 质量目标　　　　　　　　D. 质量评定记录资料

5.【单选题】（　　）主要是针对每一个单位工程（或单项工程、工程项目），编制专门规定的质量措施、资源和活动顺序等的文件。
   A. 专项施工方案　　　　　　B. 施工方案
   C. 施工组织设计　　　　　　D. 进度计划

6.【单选题】下列不属于审查施工组织设计原则的是（　　）。
   A. 质量管理和技术管理体系、质量保证措施健全且切实可行
   B. 施工组织设计编制、审查和批准应符合规定的程序
   C. 施工组织设计应符合施工合同要求
   D. 在满足合同和法规要求的前提下，对施工组织设计的审查，应尊重承包单位的自主技术决策和管理决策

7.【单选题】为了保证工程能够顺利地施工，（　　）督促分包单位按照合同事先划定的范围，占有和使用现场有关部分。
   A. 技术员　　　　　　　　　B. 质量检查员
   C. 项目经理　　　　　　　　D. 监理

【答案】1. √；2. ×；3. D；4. A；5. C；6. C；7. B

第四节　施工阶段的质量控制

考点13：施工阶段的质量控制 ★

教材点睛 教材 P61-70

1. 作业技术准备状态的控制

（1）质量控制点是指为了保证作业过程质量而确定的重点控制对象、关键部位或薄弱环节，是施工质量控制管理的核心内容。

（2）质量控制点选择的一般原则：应当选择施工质量难度大的、质量影响大或发生质量问题时危害大的对象作为质量控制点。

教材点睛 教材 P61-70（续）

（3）质量控制点重点控制的对象：人的行为，物的状态，材料的质量与性能，关键的操作，施工技术参数，施工顺序，技术间歇，新工艺、新技术、新材料的应用，易对工程质量产生重大影响的施工方法，特殊地基或特种结构，常见的质量通病。

（4）质量预控对策的检查：针对所设置的质量控制点，列出可能产生的质量问题，拟定的质量预控措施。表现形式：文字表达、表格形式表达、解析图的形式表示（工程质量预控图、质量控制对策图）。

2. 作业技术交底的控制

（1）作业技术交底要紧紧围绕和具体施工有关的操作者、机械设备、使用的材料、构配件、工艺、施工方法、施工环境、管理措施等方面编制，明确作业标准、要求，及完成时间等。

（2）由主管技术人员编制技术交底书，并经项目总工程师批准。

（3）技术交底的内容：包括施工方法、质量要求和验收标准，施工注意问题，安全措施及应急方案。

（4）对于关键部位，或技术难度大、施工复杂的检验批，承包单位的技术交底书（作业指导书）要报监理工程师审批通过，方可施工。

3. 进场材料构配件的质量控制

（1）凡材料设备进场，施工单位应向项目监理机构提交《工程材料/构配件/设备报审表》，附产品出厂合格证，及按规定进行的材料设备检验试验报告。未经监理工程师验收合格的材料设备不得使用。

（2）进口材料的检查、验收，应会同国家商检部门进行。

（3）材料设备应妥善分类保管，并根据其特点采取防潮、防晒、防锈、防腐蚀、通风、隔热和温度、湿度等措施。对有使用存放期限要求的材料，要做到计划进场，及时使用。

4. 环境状态的控制

（1）施工作业环境的控制：确认施工作业环境条件准备到位，照明、防护措施安全有效后，方可施工。

（2）施工质量管理环境的控制：施工承包单位的质量管理体系和质量控制自检系统处于良好的状态。

（3）现场自然环境条件的控制：确认施工期间的自然环境条件不会对施工作业质量有不利影响。

5. 进场施工机械设备性能及工作状态的控制：施工机械设备进场要验收；机械设备工作状态要检查；特殊设备安全运行要审核。

6. 施工测量及计量器具性能、精度的控制

（1）试验设备：施工现场要建立试验室。如条件限制不能建立的，应委托有资质的专门试验室。

（2）工地测量仪器的检查：测量工应有上岗证，测量仪器应按规定校验有效。

教材点睛 教材 P61-70（续）

7. 施工现场劳动组织及作业人员上岗资格的控制：要求操作人员到位，管理人员到位，相关制度健全。

8. 作业技术活动运行过程的控制

（1）施工单位自检与专检工作：施工单位的自检系统（"三检"制）；监理工程师的检查。

（2）测量复核工作：各类建筑测量复测基本相同，都包含定位测量、平面测量及高程测量复测。

（3）见证取样送检工作：房屋建筑工程项目中，工程材料、承重结构的混凝土试块、承重墙体的砂浆试块、结构工程的受力钢筋（包括接头）实行见证取样。见证取样的频率和数量，包括在承包单位自检范围内，一般所占比例为 30%。

（4）工程变更：包括对技术修改要求的处理（施工单位提出）；工程变更的要求（设计院提出）。

（5）计量工作质量内容

1）施工过程中使用的计量仪器、检测设备、称重衡器的质量控制。

2）从事计量作业人员须具备相应的技术水平。

3）现场计量操作的质量控制。

（6）质量记录资料的内容

1）施工现场质量管理检查记录资料。

2）工程材料质量记录资料。

3）施工过程作业活动质量记录资料。

巩固练习

1.【判断题】作业活动的直接负责人（包括技术负责人），专职质检人员，安全员，与作业活动有关的测量人员、材料员、试验员必须在岗，并须具备相应的执业资格。
（   ）

2.【判断题】凡涉及施工作业技术活动基准和依据的技术工作，都应该严格进行专人负责的复核性检查，以避免基准失误给整个工程质量带来难以补救的或全局性的危害。
（   ）

3.【单选题】(   ) 是指为了保证作业过程质量而确定的重点控制对象、关键部位或薄弱环节。

A. 安全检查点　　　　　　　　B. 施工节点

C. 质量控制点　　　　　　　　D. 隐蔽验收点

4.【单选题】对于关键部位或技术难度大、施工复杂的检验批，在分项工程施工前，承包单位的技术交底书（作业指导书）要报（   ）审批。

A. 公司技术负责人　　　　　　B. 项目总工程师

C. 监理工程师　　　　　　　　　　D. 建设单位

5. 【单选题】施工承包单位做好技术交底，是取得好的施工质量的条件之一。为做好技术交底，项目经理部必须由（　　）编制技术交底书，并经项目总工程师批准。

   A. 质量检查员　　　　　　　　　　B. 项目经理
   C. 主管技术人员　　　　　　　　　D. 施工员

6. 【单选题】凡运到施工现场的原材料、半成品或构配件，进场前应由施工承包单位按规定要求进行检验或试验，经（　　）审查并确认其质量合格后，方准进场。凡是没有产品出厂合格证明及检验不合格者，不得进场。

   A. 项目承包负责人　　　　　　　　B. 监理工程师
   C. 项目技术负责人　　　　　　　　D. 总监理工程师

7. 【单选题】贮存期超过（　　）的过期水泥或受潮、结块的水泥，重新检定其强度等级，且不允许用于重要工程中。

   A. 一年　　　　　　　　　　　　　B. 三个月
   C. 半年　　　　　　　　　　　　　D. 两年

8. 【单选题】见证取样的频率，国家或地方主管部门有规定的，执行相关规定；施工承包合同中如有明确规定的，执行施工承包合同的规定。见证取样的频率和数量，包括在承包单位自检范围内，一般所占比例为（　　）。

   A. 30%　　　　　　　　　　　　　B. 50%
   C. 10%　　　　　　　　　　　　　D. 20%

9. 【单选题】施工单位对进场材料、试块、试件、钢筋接头等实施见证取样，是指在（　　）现场监督下，承包单位按相关规范的要求，完成材料、试块、试件等的取样过程。

   A. 监理工程师　　　　　　　　　　B. 设计人员
   C. 项目经理　　　　　　　　　　　D. 检测机构

10. 【多选题】质量控制点选择的一般原则包括（　　）。

    A. 施工中的薄弱环节，或质量不稳定的工序、部位或对象
    B. 施工过程中的关键工序或环节以及隐蔽工程
    C. 采用新技术、新工艺、新材料的部位或环节
    D. 施工尚无足够把握的、施工条件困难的或技术难度大的工序或环节
    E. 工程量大的分项工程

11. 【多选题】技术交底的内容包括（　　）。

    A. 施工方法、质量要求和验收标准　　B. 施工过程中需注意的问题
    C. 可能出现意外的措施及应急方案　　D. 安全方面的技术保障措施
    E. 质量保证措施

12. 【多选题】施工单位的自检体系表现在（　　）。

    A. 作业活动的作业者在作业结束后必须自检
    B. 施工过程中需注意的问题相互监督提醒
    C. 可能出现意外的措施及应急方案铭记于心
    D. 施工单位专职质检员的专检
    E. 不同工序交接、转换必须由相关人员交接检查

13.【多选题】质量记录资料是施工承包单位进行工程施工或安装期间，实施质量控制活动的记录，主要包括（   ）。

　　A. 施工现场质量管理检查记录资料　　B. 施工过程中需注意的问题
　　C. 工程材料质量记录　　D. 施工过程作业活动质量记录资料
　　E. 施工方法、质量要求和验收标准

【答案】1. √; 2. √; 3. C; 4. C; 5. C; 6. B; 7. B; 8. A; 9. A; 10. ABCD; 11. ABC; 12. ADE; 13. ACD

第五节　分项工程质量控制措施

考点 14：分项工程质量控制措施 ★ ●

> **教材点睛**　教材 P70-106
>
> **1. 土方工程质量控制**
> （1）土方开挖工程质量控制
> 1）土方开挖工程施工质量控制点：基底标高；开挖尺寸；基坑边坡；表面平整度；基底土质。
> 2）土方开挖工程质量控制措施【详见 P70-71】
> （2）土方回填工程质量控制
> 1）土方回填工程施工质量控制点：标高；压实度；回填土料；表面平整度。
> 2）土方回填工程质量控制措施【详见 P71-72】
>
> **2. 地基及基础处理质量控制**
> （1）灰土、砂及砂石地基质量控制
> 1）灰土、砂及砂石地基施工质量控制点：地基承载力；配合比；压实系数；石灰、土颗粒粒径。
> 2）灰土、砂及砂石地基质量控制措施【详见 P72-73】
> （2）水泥土搅拌桩地基质量控制
> 1）水泥土搅拌桩地基施工质量控制点：水泥及外加剂质量；水泥用量；桩体强度；地基承载力；桩底标高、桩径、桩位。
> 2）水泥土搅拌桩地基质量控制措施【详见 P73-74】
> （3）水泥粉煤灰碎石桩复合地基质量控制
> 1）水泥粉煤灰碎石桩复合地基施工质量控制点：桩径；原材料；桩身强度；地基承载力；桩体完整性、桩长、桩位。
> 2）水泥粉煤灰碎石桩复合地基质量控制措施【详见 P74-75】
>
> **3. 桩基工程质量控制**
> （1）钢筋混凝土预制桩质量控制

> **教材点睛** 教材 P70-106（续）

1）钢筋混凝土预制桩施工质量控制点：桩体质量；桩位偏差；承载力；桩顶标高；停锤标准。

2）钢筋混凝土预制桩质量控制措施【详见P76-77】

（2）钢筋混凝土灌注桩质量控制与检验

1）钢筋混凝土灌注桩施工质量控制点：桩位；孔深；桩体质量；混凝土强度；承载力。

2）钢筋混凝土灌注桩质量控制措施【详见P77-78】

4. 地下防水工程质量控制

（1）防水混凝土工程质量控制

1）防水混凝土工程施工质量控制点：原材料、配合比、坍落度；抗压强度和抗渗能力；变形缝、施工缝、后浇带、预埋件等设置和构造。

2）防水混凝土工程质量控制措施【详见P78-80】

（2）卷材防水质量控制

1）卷材防水施工质量控制点：卷材及主要配套材料；转角、变形缝、穿墙缝、穿墙管道的细部做法；卷材防水层的基层质量；防水层的搭接缝，搭接宽度。

2）卷材防水质量控制措施【详见P80-81】

（3）涂料防水工程质量控制

1）涂料防水工程施工质量控制点：涂料的质量及配合比；涂料防水层及其转角处、变形缝、穿墙管道等细部做法。

2）涂料防水工程质量控制措施【详见P81-82】

5. 钢筋工程质量控制

（1）钢筋原材料及加工质量控制

1）钢筋原材料及加工质量控制点：原材料的合格证、出厂检验报告；钢筋的外观、物理力学性能；钢筋的弯钩、弯折、加工尺寸。

2）钢筋原材料及加工质量控制措施【详见P82-83】

（2）钢筋连接工程质量控制

1）钢筋连接工程质量控制点：钢筋接头力学性能；接头外观质量；接头位置的设置。

2）钢筋连接工程质量控制措施【详见P83-85】

（3）钢筋安装工程质量控制

1）钢筋安装工程质量控制点：钢筋安装的位置；钢筋保护层的厚度；钢筋绑扎的质量。

2）钢筋安装工程质量控制措施【详见P85-86】

6. 模板工程质量控制

（1）模板工程质量控制点：模板的安装位置；模板的强度、刚度；模板支架的稳定性。

（2）模板工程质量控制措施【详见P86-87】

> **教材点睛** 教材 P70-106（续）
>
> **7. 混凝土工程质量控制**
> （1）混凝土工程质量控制点：原材料的质量；混凝土的配合比；混凝土拌制的质量；混凝土运输、浇筑及间歇时间；混凝土的养护措施；混凝土的外观质量；混凝土的几何尺寸。
> （2）混凝土工程质量控制措施【详见 P88-91】
>
> **8. 砌体工程质量控制**
> （1）砌体工程质量控制点：砖的规格、性能、强度等级；砂浆的规格、性能、配合比及强度等级；砂浆的饱和度；砌体转角和交接处的质量；轴线位置、垂直度偏差。
> （2）砌体工程质量控制措施【详见 P91-93】
>
> **9. 钢结构工程质量控制**
> （1）钢结构工程质量控制点：钢材、钢铸件的品种、规格、性能；连接用紧固件的质量；构件的尺寸；焊缝的质量。
> （2）钢结构工程质量控制措施【详见 P94-96】
>
> **10. 屋面工程质量控制**
> （1）屋面工程质量控制点：屋面找平层的排水坡度；屋面保温层材料的性能、厚度；卷材防水层的搭接处理；焊缝的质量。
> （2）屋面工程质量控制措施【详见 P96-100】
>
> **11. 楼地面工程质量控制**
> （1）楼地面工程质量控制点：隔离层的设置；防水层的质量。
> （2）楼地面工程质量控制措施【详见 P100-104】
>
> **12. 抹灰工程质量控制**
> （1）抹灰工程质量控制点：抹灰基层处理；防开裂的加强措施。
> （2）抹灰工程质量控制措施【详见 P104-106】

巩固练习

1.【判断题】基坑（槽）开挖深度超过 6m（含 6m）时还应单独制定土方开挖安全专项施工方案。（　　）

2.【判断题】土开挖时应遵循"分层开挖，严禁超挖"的原则，检查开挖的顺序、平面位置、水平标高和边坡坡度。（　　）

3.【判断题】石灰应用Ⅲ级以上新鲜的块灰，氧化钙、氧化镁含量越高越好，使用前 1~2d 消解并过筛，其颗粒不得大于 10mm。（　　）

4.【判断题】灰土地基分段施工时，不得在墙角、柱基及承重墙下接缝，上下两层的接缝间距不得小于 300mm。（　　）

5.【判断题】预制桩定位放线检查复核工作中应对每根桩位复测，桩位的放样允许偏差为群桩 20mm，单排桩 10mm。（　　）

6.【判断题】打桩时，对于桩尖进入坚硬土层的端承桩，以控制贯入度为主，桩尖进入持力层深度或桩尖标高为参考。（　　）

7.【判断题】混凝土的坍落度对成桩质量有直接影响，甚至会导致堵管事件的发生，混凝土坍落度一般应控制在12～22cm。（　　）

8.【判断题】进场的钢筋均应有标牌（标明生产厂、生产日期、钢号、炉罐号、钢筋级别、直径等），应按炉罐号、批次及直径分批验收，分别堆放整齐，严防混料。（　　）

9.【判断题】带肋钢筋套筒挤压连接时，钢筋插入套筒内深度应符合设计要求。钢筋端头离套筒长度中心点不宜超过15mm，先挤压一端钢筋，插入接连钢筋后，再挤压另一端套筒，挤压宜从套筒中部开始，依次向两端挤压，挤压机与钢筋轴线保持垂直。（　　）

10.【判断题】混凝土分项工程是从水泥、砂、石、水、外加剂、矿物掺合料等原材料进场检验、混凝土配合比设计及称量、拌制、运输、浇筑、养护、试件制作直至混凝土达到预定强度等一系列技术工作和完成实体的总称。（　　）

11.【判断题】混凝土的养护是在混凝土浇筑完毕后6h内进行，养护时间一般为14～28d。混凝土浇筑后应对养护的时间进行检查落实。（　　）

12.【单选题】如果采用机械开挖，要配合一定程度的人工清土，机械开挖到接近槽底时，用水准仪控制标高，预留（　　）土层进行人工开挖，以防止超挖。

A. 10～20cm　　　　　　　　B. 30～40cm
C. 10～30cm　　　　　　　　D. 20～30cm

13.【单选题】回填管沟应通过人工作业方式先将管子周围的填土回填夯实，并应从管道两边同时进行，直到管顶（　　）以上，方可用机械填土回填夯实。

A. 0.2m　　　　　　　　　　B. 0.3m
C. 0.4m　　　　　　　　　　D. 0.5m

14.【单选题】下列属于土方回填工程的施工质量控制点的是（　　）。

A. 回填深度　　　　　　　　B. 压实度
C. 基底土质　　　　　　　　D. 基坑尺寸

15.【单选题】下列关于土方开挖过程中的质量控制措施，表述错误的是（　　）。

A. 土方开挖时，要注意保护标准定位桩、轴线桩、标准工程桩
B. 如果采用机械开挖，不需要配合人工清土，由机械直接运走，节省时间
C. 基坑（槽）挖深要注意减少对基土的扰动
D. 冬期施工时，要防止地基受冻

16.【单选题】以下不是水泥土搅拌桩地基的施工质量控制点的是（　　）。

A. 水泥及外加剂质量　　　　B. 水泥用量
C. 桩体强度　　　　　　　　D. 顶面平整度

17.【单选题】水泥土搅拌桩施工结束后，应检查桩体强度，对承重水泥土搅拌桩应取90d后的试样；对支护水泥土搅拌桩应取（　　）后的试样。

A. 90d　　　　　　　　　　B. 28d
C. 30d　　　　　　　　　　D. 14d

18.【单选题】下列关于灰土、砂及砂石地基的质量控制措施中,表述错误的是( )。

A. 灰土及砂石地基施工前,应按规定对原材料进行进场取样检验,土料、石灰、砂、石等原材料质量、配合比应符合设计要求

B. 灰土配合比应符合设计规定,石灰与土的体积比一般为2∶7或3∶8

C. 灰土或砂石各层摊铺后用木耙子或拉线找平,并按对应标高控制桩进行厚度检查

D. 冬期施工时,砂石材料中不得夹有冰块,并应采取措施防止砂石内水分冻结

19.【单选题】钻孔桩钢筋笼宜分段制作,连接时,按照( )的钢筋接头错开焊接,对钢筋笼立焊的质量要特别加强检查控制,确保钢筋接头质量。

A. 25%   B. 100%
C. 50%   D. 75%

20.【单选题】以下不是钻孔灌注桩孔壁坍塌原因的是( )。

A. 复杂的不良地质情况   B. 泥浆黏度不够、护壁效果不佳
C. 下钢筋笼及升降机具时碰撞孔壁   D. 钻头振动过大

21.【单选题】铺贴卷材严禁在雨天、雪天施工,五级风及以上时不得施工;冷粘法施工,气温不宜低于( ),热熔法施工气温不宜低于( )。

A. 5℃,−10℃   B. 5℃,0℃
C. 5℃,−5℃   D. 0℃,−10℃

22.【单选题】当采用冷拉方法调直钢筋时,HPB300级钢筋的冷拉率不宜大于( ),HRB335级、HRB400级和RRB400级钢筋的冷拉率不宜大于( )。

A. 3%,1%   B. 4%,1%
C. 5%,2%   D. 2%,1%

23.【单选题】下列不属于钢筋安装工程质量控制点的是( )。

A. 钢筋安装的位置   B. 钢筋保护层的厚度
C. 钢筋绑扎的质量   D. 接头位置的设置

24.【单选题】当梁、板跨度大于或等于( )时,梁、板应按设计起拱;当设计无具体要求时,起拱高度宜为跨度的1‰~3‰。

A. 4m   B. 2.5m
C. 5m   D. 3m

25.【单选题】在开挖土方时,机械开挖到接近槽底,技术人员用水准仪控制标高,预留( )土层进行人工开挖,防止超挖。

A. 20~25cm   B. 30~40cm
C. 10~20cm   D. 20~30cm

26.【单选题】下列不属于钢筋原材料质量控制点的是( )。

A. 钢筋的外观、物理力学性能

B. 钢筋原材的合格证、出厂检验报告

C. 钢筋的进场复检报告

D. 钢筋的接头力学性质

27.【单选题】混凝土应在搅拌后和浇筑地点分别抽样检验混凝土的坍落度,每班至

少检查（　　）次，评定时应以浇筑地点的测值为准。

A. 2
B. 3
C. 4
D. 5

28.【多选题】土方开挖工程的施工质量控制点有（　　）。

A. 基底标高
B. 基坑边坡
C. 顶面标高
D. 地下水位
E. 基底土质

29.【多选题】钢筋混凝土预制桩施工质量控制点包括（　　）。

A. 桩体质量
B. 地质条件
C. 承载力
D. 桩顶标高
E. 停锤标准

30.【多选题】防止大体积混凝土因干缩、温差等原因产生裂缝，应采取以下措施（　　）。

A. 采用高热或中热水泥
B. 掺入减水剂、缓凝剂、膨胀剂等外加剂
C. 在炎热季节施工时，降低原材料温度、减少混凝土运输时吸收的外界热量等降温措施
D. 混凝土内部预埋管道，进行冷水散热
E. 保温保湿养护

31.【多选题】砌体工程质量控制点包括（　　）。

A. 砖的规格、性能、强度等级
B. 砂浆的规格、性能、配合比及强度等级
C. 砂浆的用量
D. 砌体转角和交接处的质量
E. 轴线位置、垂直度偏差

32.【多选题】楼地面工程质量控制点包括（　　）。

A. 隔离层的设置
B. 防水材料铺设
C. 基层设置
D. 防水层的质量
E. 垫层的设置

【答案】1. ×；2. √；3. ×；4. ×；5. √；6. √；7. ×；8. √；9. ×；10. √；11. ×；12. D；13. D；14. B；15. B；16. D；17. B；18. B；19. C；20. D；21. A；22. B；23. D；24. A；25. D；26. D；27. A；28. ABE；29. ACDE；30. BCDE；31. ABDE；32. AD

第五章 建筑工程施工试验

第一节 水 泥 试 验

考点 15：水泥试验★

> **教材点睛** 教材 P107-111
>
> **法规依据：**《通用硅酸盐水泥》GB 175—2007。
> **1. 水泥技术指标**
> （1）通用硅酸盐水泥分类：硅酸盐水泥、普通硅酸盐水泥、矿渣硅酸盐水泥、火山灰质硅酸盐水泥、粉煤灰硅酸盐水泥和复合硅酸盐水泥。
> （2）常用水泥的技术指标：凝结时间；体积安定性；强度；细度；碱含量等。
> （3）包装及标志：
> 1）袋装水泥：每袋净含量为 50kg；包装袋上应清楚标明执行标准、水泥品种、代号、强度等级、生产者名称、生产许可证标志（QS）及编号、出厂编号、包装日期、净含量。
> 2）散装水泥：发运时应提交与袋装标志相同内容的卡片。
> **2. 水泥出厂合格证及进场检（试）验报告**
> （1）水泥进场时应对其品种、级别、包装或散装仓号、出厂日期等进行检查，并应对其强度、安定性及其他必要的性能指标进行复验。水泥检验批【详见 P109 表 5-3、表 5-4】。
> （2）当在使用中对水泥质量有怀疑或水泥出厂超过 3 个月（快硬硅酸盐水泥超过 1 个月）时，应进行复验，并按复验结果使用。
> （3）钢筋混凝土结构、预应力混凝土结构中，严禁使用含氯化物的水泥。
> （4）不合格判定：任一项指标不符合规定，或混合料掺入量超过最大限量和强度低于商品强度时，判为不合格品；水泥包装标志内容不全的属于不合格品。
> （5）水泥出厂报告单称作一检单；现场试验室 28d 的实验报告称作二检单。二检单如无特别要求，一般只出物理力学性质的 4 项（强度、凝结时间、安定性、比表面积）报告。

巩固练习

1.【判断题】《通用硅酸盐水泥》GB 175—2007 规定，采用胶砂法可测定水泥的 3d 和 28d 的抗压强度和抗折强度。　　　　　　　　　　　　　　　　　　　　（　　）

2.【判断题】钢筋混凝土结构、预应力混凝土结构中,严禁使用含氯化物的水泥。
( )

3.【判断题】水泥细度、初凝时间、不溶物和烧失量中一项指标不符合规定,判为不合格品。
( )

4.【判断题】在水泥出厂三个月内,买方对水泥质量有疑问时,则买卖双方应将签封的试样送省级或省级以上国家认可的质量监督检测机构进行仲裁检验。
( )

5.【单选题】普通硅酸盐水泥代号为( )。
A. P.O   B. P.I
C. P.P   D. P.F

6.【单选题】终凝时间是从水泥加水拌合起至( )所需的时间。
A. 水泥浆开始失去可塑性
B. 水泥浆完全失去可塑性
C. 水泥浆完全失去可塑性并开始产生强度
D. 开始产生强度

7.【单选题】水泥在使用中,对其质量有怀疑或水泥出厂超过( )个月(快硬硅酸盐水泥超过1个月)时,应进行复验,并按复验结果使用。
A. 1   B. 2
C. 3   D. 4

8.【单选题】水泥按同一生产厂家、同一等级、同一品种、同一批号且连续进场的水泥,袋装不超过( )t为一批,散装不超过500t为一批,每批抽样不少于一次。
A. 50   B. 100
C. 150   D. 200

9.【多选题】常用水泥的技术要求主要有( )。
A. 凝结时间   B. 体积安定性
C. 膨胀性   D. 强度
E. 吸热性

10.【多选题】水泥进场时应对其品种、级别、包装或散装仓号、出厂日期等进行检查,并应对其( )进行复验,其质量必须符合《通用硅酸盐水泥》GB 175—2007等的规定。
A. 重量   B. 强度
C. 安定性   D. 其他必要的性能指标
E. 颜色

【答案】1. √; 2. √; 3. √; 4. √; 5. A; 6. C; 7. C; 8. D; 9. ABD; 10. BCD

第二节 砂石试验

考点16：砂石试验 ★ ●

> **教材点睛** 教材 P111-121

1. 砂

（1）分类：天然砂（海砂、河砂、湖砂、山砂、淡化海砂）、人工砂（机制砂、混合砂）。

（2）规格：按细度模数分为粗、中、细三种规格。

（3）类别与用途：Ⅰ砂类宜用于强度等级大于C60的混凝土；Ⅱ类砂宜用于强度等级C30～C60及抗冻、抗渗或其他要求的混凝土；Ⅲ类砂宜用于强度等级小于C30的混凝土和建筑砂浆。

（4）技术要求

1）技术指标：颗粒级配、泥和黏土块含量、有害物质含量、坚固性等。

2）单项试验取样数量【详见P114表5-15】。

2. 卵石与碎石

（1）规格

1）按卵石和碎石粒径尺寸分为单粒粒级和连续粒级。

2）按卵石、碎石技术要求分为Ⅰ类（宜用于强度等级大于C60的混凝土）；Ⅱ类（宜用于强度等级C30～C60及抗冻、抗渗或其他要求的混凝土）；Ⅲ类（宜用于强度等级小于C30的混凝土）。

（2）技术要求

1）技术指标：颗粒级配，含泥量和泥块含量，针片状颗粒含量，有害物质含量，坚固性，强度，表观密度、堆积密度、空隙率，碱集料反应等。

2）试验方法

①取样方法：取样部位应均匀分布。

②试样数量：【详见P116-117表5-22】。

> **巩固练习**

1.【判断题】砂的技术指标有颗粒级配、泥和黏土块含量、有害物质含量、坚固性等。
（   ）

2.【单选题】（   ）指的是岩石风化后经雨水冲刷或由岩石轧制而成的粒径为0.15～4.75mm的粒料。

　A. 砂　　　　　　　　　　　B. 碎石
　C. 石灰　　　　　　　　　　D. 水泥

3.【单选题】砂按其技术要求分为Ⅰ类、Ⅱ类、Ⅲ类，（   ）宜用于强度等级大于

C60 的混凝土。

A．Ⅰ类　　　　　　　　　　B．Ⅱ类
C．Ⅲ类　　　　　　　　　　D．Ⅳ类

4．【单选题】砂按（　　）分为粗、中、细三种规格。

A．大小　　　　　　　　　　B．细度模数
C．质量　　　　　　　　　　D．产源

5．【单选题】I 类卵石、碎石的含泥量应（　　）。

A．小于 1.0%　　　　　　　　B．小于 0.7%
C．小于 0.5%　　　　　　　　D．小于 0.25%

6．【多选题】天然砂包括（　　）。

A．海砂　　　　　　　　　　B．河砂
C．湖砂　　　　　　　　　　D．江砂
E．流砂

【答案】1．√；2．A；3．A；4．B；5．C；6．ABC

第三节　混凝土试验

考点 17：混凝土试验 ★ ●

教材点睛　教材 P121-126

1. 混凝土的技术性能

（1）混凝土拌合物的和易性：是一项综合的技术性质，包括流动性、黏聚性和保水性三方面的含义。

（2）混凝土的强度

1）混凝土立方体抗压强度：以边长为 150mm 的立方体试件，在标准条件（温度 20±2℃，相对湿度 95% 以上）下，养护到 28d 龄期，测得的抗压强度值。用 C 表示，单位为 N/mm^2 或 MPa。

2）混凝土强度等级是按混凝土立方体抗压标准强度来划分的，分为 C15～C80 共 14 个等级。

2. 施工试验报告及见证检测报告

（1）混凝土配合比设计及试块留置

1）混凝土配合比设计：在现场按规定的数量随机抽取水泥、砂、石子，并一同送检测中心做配合比。

2）试块留置：在混凝土的浇筑地点随机抽取。试件的留置要求【详见 P123】。

（2）预拌（商品）混凝土合格证由厂商负责提供；工地浇筑时，需在入模处再次抽样制作试块。

> **教材点睛** 教材 P121-126（续）
>
> **3. 计量器具的管理制度和精确度控制措施**
> （1）计量器具的管理制度：各种衡器应定期校验；每次使用前应进行零点校核；每次用完应擦拭干净，覆盖防水罩套；雨天或含水率有显著变化时，应增加粗、细骨料含水量检测次数，并及时调整配合比。
> （2）计量精确度控制措施：配合比采用重量比；一律采用机械搅拌，搅拌时间每盘不得少于120s。
>
> **4. 混凝土检验批与评定**
> （1）混凝土检验批划分：同强度等级、同试验龄期、同生产工艺和同配合比的混凝土组成一个检验批。
> （2）混凝土试块的制作与养护：每组3个试件应由同一盘或同一车的混凝土中取样制作。需留置标养和同条件两种试件。
> （3）混凝土强度检验评定方法：大批量、连续生产的混凝土强度，按统计方法评定；小批量或零星生产混凝土的强度，按非统计方法评定。
> （4）混凝土强度检验评定不合格的处理：采取回弹法、钻芯取样法、后装拔出法等非破损检验方法，对混凝土的强度进行检测，作为混凝土强度处理的依据。

巩固练习

1.【判断题】工地上常用坍落度试验来测定混凝土拌合物的坍落度或坍落扩展度，作为保湿性指标。（　　）

2.【判断题】对坍落度值小于10mm的干硬性混凝土拌合物，用维勃稠度试验测定其稠度作为流动性指标，稠度值越大表示流动性越小。混凝土拌合物的黏聚性和保水性主要通过经验进行评定。（　　）

3.【单选题】混凝土和易性是一项综合的技术性质，下面（　　）不属于和易性范畴之内。

  A. 流动性   B. 黏聚性
  C. 保水性   D. 安定性

4.【单选题】砂率是指混凝土中砂的质量占（　　）质量的百分率。

  A. 砂+石   B. 砂
  C. 石   D. 水泥

5.【单选题】按国家标准《混凝土物理力学性能试验方法标准》GB/T 50081—2019，标准混凝土试块是边长为（　　）mm 的立方体试件。

  A. 200   B. 150
  C. 100   D. 70.7

6.【多选题】混凝土的技术性能主要有（　　）。

  A. 坍落度   B. 和易性

C. 抗渗性   D. 强度
E. 密度

【答案】1. ×；2. ×；3. D；4. A；5. B；6. BD

第四节　砂浆及砌块试验

考点18：砂浆和砌块试验 ★ ●

教材点睛 教材 P126-129

1. 砂浆

（1）砂浆的组成材料包括胶凝材料、细集料、掺合料、水和外加剂。

（2）砂浆的主要技术性质有流动性（稠度）、保水性、抗压强度与强度等级。

（3）砂浆试块强度的检验与评定

1）砂浆试样应在搅拌机出料口随机取样制作。一组试样应在同一盘砂浆中取样制作。

2）砂浆的抽样频率、取样与试件留置及立方体抗压强度测定规定【详见P127-128】。

3）影响砂浆强度的因素除了砂浆的组成材料、配合比、施工工艺、施工及硬化时的条件外，砌体材料的吸水率也会对砂浆强度产生影响。

2. 砌块

（1）砌体检验批划分及取样数量

砌块名称	检验批划分	取样数量
烧结普通砖	同一厂家，同规格以3.5万~15万块为一批，不足3.5万块为一批	用随机抽样法，每批抽取12块
空心砖	同一厂家，同规格以3.5万~15万块为一批，不足3.5万块为一批	
多孔砖	同一厂家5万块为一批	
混凝土小型空心砌块	每一生产厂家，每1万块至少应抽检一组，用于多层以上建筑基础和底层不应少于2组	

（2）砌墙砖出厂合格证由厂商提供，砌墙砖应以同一厂家、同规格不超过15万块为一批（中小型砌块检验批量还应符合相应标准的规定），不足15万块也为一批，每批抽样数量为15~20块并且外观不能有明显裂纹掉角现象。

（3）抽样见证由建设单位驻工地代表（有监理的工程由监理工程师）在现场随机抽取。出厂合格证和试验报告由工地施工员负责整理保管。

> 巩固练习

1.【判断题】为保证砂浆配合比和混凝土配合比原材料每盘称量的精确度,坚决采用重量比,严禁采用体积比,并一律采用机械搅拌。（　　）

2.【判断题】建筑砂浆按用途不同,可分为水泥砂浆、石灰砂浆、水泥石灰混合砂浆、麻刀石灰砂浆（简称麻刀灰）、纸筋石灰砂浆（简称纸筋灰）等。（　　）

3.【判断题】按国家标准《普通混凝土小型砌块》GB/T 8239—2014 的规定,普通混凝土小型砌块按其尺寸偏差、外观质量分为优等品（A）、一等品（B）和合格品（C）。（　　）

4.【单选题】下列不能作为建筑砂浆的胶凝材料的是（　　）。
A. 水泥　　　　　　　　　B. 石灰
C. 石膏　　　　　　　　　D. 砂子

5.【单选题】砂浆强度等级是以边长为（　　）mm 的立方体试件,在标准养护条件下,用标准试验方法测得 28d 龄期的抗压强度值（单位为 MPa）确定。
A. 50　　　　　　　　　　B. 70.7
C. 100　　　　　　　　　　D. 150

6.【单选题】砌块按其空心率大小可分为空心砌块和实心砌块两种。空心率小于（　　）或无孔洞的砌块为实心砌块。
A. 25%　　　　　　　　　B. 20%
C. 15%　　　　　　　　　D. 10%

7.【多选题】砂浆的组成材料包括（　　）。
A. 碎石　　　　　　　　　B. 胶凝材料
C. 细集料　　　　　　　　D. 掺合料
E. 水和外加剂

8.【多选题】建筑砂浆按所用胶凝材料的不同,可分为（　　）。
A. 水泥砂浆　　　　　　　B. 石灰砂浆
C. 砌筑砂浆　　　　　　　D. 水泥石灰混合砂浆
E. 抹面砂浆

9.【多选题】砂浆的主要技术性质有（　　）。
A. 抗折强度　　　　　　　B. 稳定性
C. 流动性（稠度）　　　　　D. 保水性
E. 抗压强度

【答案】1. √；2. ×；3. √；4. D；5. B；6. A；7. BCDE；8. ABD；9. CDE

第五节 钢 材 试 验

考点 19：钢材试验 ★ ●

> **教材点睛** 教材 P130-135
>
> **1. 钢筋分类与牌号**【详见 P130 表 5-33～表 5-35】
> **2. 钢材技术要求与试验方法**
> （1）钢材的主要性能包括力学性能和工艺性能。
> 1）力学性能包括屈服强度、极限强度、拉伸性能、冲击性能、疲劳性能等。
> 2）工艺性能包括弯曲性能、反向弯曲性能和焊接性能等。
> （2）试验方法：热轧光圆钢筋试验方法【详见 P131 表 5-38】；热轧带肋钢筋试验方法【详见 P132 表 5-42】。
> **3. 钢筋的抽样**
> （1）对进厂的钢筋首先进行外观检查（表面质量不得有裂痕、结疤、折叠、凸块和凹陷），核对钢筋的出厂检验报告（代表数量）、合格证、成捆筋的标牌、钢筋上的标识，同时对钢筋的直径、不圆度、肋高等进行检查。外观检查合格后进行见证取样复试。
> （2）取样方法
> 1）拉伸、弯曲试样，可在每批材料或每盘中任选两根钢筋距端头 500mm 处截取。
> 2）拉伸试样直径 R6.5～20mm，长度为 300～400mm，弯曲试样长度为 250mm。直径 R25～32mm 的拉伸试样长度为 350～450mm，弯曲试样长度为 300mm。
> 3）取样在监理工程师见证下取 2 组：1 组送样，1 组封样保存。
> （3）批量
> 同一厂家、同一牌号、同一规格、同一炉罐号、同一交货状态每 60t 为一验收批。不足 60t 为一批。在每批材料中任选两根钢筋从中切取。拉伸：两根 40cm。弯曲：两根 15cm + 5d（d 为钢筋直径）。

巩固练习

1.【判断题】钢材的主要性能包括力学性能和工艺性能，其中工艺性能表示钢材在各种加工过程中的行为，包括弯曲性能和焊接性能等。（　　）

2.【判断题】对进场的钢筋首先进行外观检查，核对钢筋的出厂检验报告（代表数量）、合格证、成捆筋的标牌、钢筋上的标识，同时对钢筋的直径、不圆度、肋高等进行检查，表面质量不得有裂痕、结疤、折叠、凸块和凹陷。外观检查合格后进行见证取样复试。（　　）

3.【判断题】热轧钢筋应在其表面轧上牌号标志，对公称直径不大于 10mm 的钢筋可不轧制标志。（　　）

4.【单选题】《建筑抗震设计规范》GB 50011—2010（2016 年版）规定，有较高要求的抗震结构适用的钢筋牌号为在已有带肋钢筋牌号后加（　　）的钢筋。

A. D　　　　　　　　　　　　B. E
C. F　　　　　　　　　　　　D. G

5.【单选题】钢筋的工艺性能表示钢材在各种加工过程中的行为，包括弯曲性能和（　　）等。

A. 焊接性能　　　　　　　　　B. 拉伸性能
C. 冲击性能　　　　　　　　　D. 疲劳性能

6.【单选题】钢材同一厂家、同一牌号、同一规格、同一炉罐号、同一交货状态每（　　）t为一验收批。

A. 20　　　　　　　　　　　　B. 40
C. 60　　　　　　　　　　　　D. 80

7.【多选题】热轧带肋钢筋按屈服强度特征值分为（　　）级。

A. 235　　　　　　　　　　　 B. 300
C. 335　　　　　　　　　　　 D. 400
E. 500

8.【多选题】钢筋出厂检验时，重要质量项目是指产品涉及（　　）的项目。

A. 人体健康　　　　　　　　　B. 环保
C. 能效　　　　　　　　　　　D. 关键性能
E. 使用安全

9.【多选题】钢材的主要性能包括力学性能和工艺性能。其中力学性能包括（　　）等。

A. 拉伸性能　　　　　　　　　B. 弹性性能
C. 冲击性能　　　　　　　　　D. 抗弯性能
E. 疲劳性能

【答案】1. √；2. √；3. √；4. B；5. A；6. C；7. CDE；8. BCD；9. ACE

第六节　钢材连接试验

考点 20：钢材连接试验 ★●

> **教材点睛** 教材 P135—139
>
> **法规依据：**《钢筋混凝土用钢　第 2 部分：热轧带肋钢筋》GB/T 1499.2—2018；
> 　　　　　　《钢筋焊接及验收规程》JGJ 18—2012；
> 　　　　　　《钢筋机械连接技术规程》JGJ 107—2016。
>
> **1. 钢筋连接方法**【详见 P136 图 5-3】
> **2. 钢筋连接适用范围**
> （1）热轧钢筋接头

> **教材点睛** 教材 P135-139（续）

1）钢筋接头宜采用焊接接头（优先闪光对焊）或机械连接接头（适用于 HRB335 和 HRB400 带肋钢筋）。

2）当普通混凝土中钢筋直径等于或小于 22mm 时，可采用绑扎连接，但受拉构件中的主钢筋不得采用绑扎连接。

3）钢筋骨架和钢筋网片的交叉点焊接宜采用电阻点焊。

4）钢筋与钢板的 T 形连接，宜采用埋弧压力焊或电弧焊。

（2）钢筋网片电阻点焊

1）当焊接网片的受力钢筋为 HPB300 钢筋时，如网片为单向受力，受力主筋与两端的两根横向钢筋的全部交叉点必须焊接；如网片为双向受力，则四周边缘的两根钢筋的全部交叉点必须焊接，其余交叉点可间隔焊接或绑、焊相间。

2）当焊接网片的受力钢筋为冷拔低碳钢丝，而另一方向的钢筋间距小于 100mm 时，除受力主筋与两端的两根横向钢筋的全部交叉点必须焊接外，中间部分的焊点距离可增大至 250mm。

3. 钢筋连接取样

（1）框架柱纵向受力钢筋接头采用电渣压力焊时，每一楼层（每一检验批）要做一次抽样送检。

（2）闪光对焊、电弧焊（搭接焊、帮条焊）：以同一台班、同一焊工每完成 300 个同级别、同直径的焊接接头为一批。不足一批数量时，按一批取样。

（3）钢筋机械连接：以同一施工条件、同一批材料的同形式、同规格不超过 500 个接头为一批，当现场检验连续 10 个验收批抽样合格率为 100% 时，验收批数量可为 1000 个接头。不足一批数量时，按一批取样。

> **巩固练习**

1.【判断题】电渣压力焊可用于梁钢筋的连接。（　　）

2.【判断题】当普通混凝土中钢筋直径小于或等于 22mm 时，在无焊接条件时，可采用绑扎连接，受拉构件中的主钢筋也可采用绑扎连接。（　　）

3.【判断题】对于钢筋机械连接，以同一施工条件下采取同一批材料的同形式、同规格不超过 500 个接头为一批，当现场检验连续 10 个验收批抽样合格率为 100% 时，验收批数量可为 1000 个接头（现场安装同一楼层不足 500 个或 1000 个接头时仍按一批）。
（　　）

4.【单选题】下列（　　）连接，不属于钢筋机械连接。
A. 直螺纹套筒　　　　　　　　　B. 套筒挤压
C. 锥螺纹套筒　　　　　　　　　D. 电渣压力焊

5.【单选题】钢筋骨架和钢筋网片的交叉点焊接宜采用（　　）。
A. 闪光对焊　　　　　　　　　　B. 电弧焊

C. 电渣压力焊 D. 电阻点焊

6.【单选题】对于框架柱纵向受力钢筋接头采用电渣压力焊做法，要求每（　　）楼层（每一检验批）都要做一次抽样送检，做抗拉、抗弯的力学性能化验，并且按使用的型号、规格分别来做。

A. 一 B. 二
C. 三 D. 四

7.【多选题】钢筋连接方法有（　　）。

A. 弯钩连接 B. 绑扎连接
C. 螺母连接 D. 焊接
E. 机械连接

8.【多选题】下列关于热轧钢筋接头的说法中，正确的有（　　）。

A. 钢筋接头宜采用焊接接头或机械连接接头
B. 焊接接头应优先选择电阻点焊
C. 当普通混凝土中钢筋直径等于或小于22mm时，在无焊接条件时，可采用绑扎连接，但受拉构件中的主钢筋不得采用绑扎连接
D. 钢筋骨架和钢筋网片的交叉点焊接宜采用电阻点焊
E. 钢筋与钢板的T形连接，宜采用电渣压力焊

【答案】1. ×；2. ×；3. √；4. D；5. D；6. A；7. BDE；8. ACD

第七节　土工与桩基试验

考点21：土工与桩基试验 ★ ●

教材点睛 教材 P139-148

1. 土工试验（测定土的基本工程性质）

（1）含水率试验：适用于粗粒土、细粒土、有机质土和冻土；主要检测仪器设备有电热烘箱、天平。试验流程【详见 P140 图 5-4】。

（2）密度试验（环刀法）：适用于细粒土；主要检测仪器有环刀、天平。试验流程【详见 P142 图 5-5】。

2. 基桩试验（检验桩身混凝土的质量以及桩身的完整性）

（1）超声波检测法

1）检测目的：通过对钻孔灌注桩埋管非金属超声波检测，检验桩身混凝土的质量以及桩身的完整性。

2）适用范围：用于检测孔径不小于0.6m、不大于5.0m桩孔的孔壁变化情况、孔径垂直度、实测孔深。当检测泥浆护壁的桩孔时，泥浆相对密度应小于1.2。

3）检测原理：材料越密实，波速越高，材料强度越高；反之，材料强度越低。材

> **教材点睛** 教材 P139−148（续）
>
> 料越均匀，传播时能量的衰减少，有空洞或不连续时，波速衰减厉害。
>
> 4）检测仪器：ZBL-U520 现场检测仪器。每孔测试前应利用护筒直径或导墙的宽度作为标准距离标定仪器系统，标定应至少进行 2 次，标定完成后及时锁定标定旋钮，在检测过程中不得变动。
>
> 5）检测评定依据《公路工程基桩检测技术规程》JTG/T 3512—2020。桩身完整性类别【详见 P143 表 5-53】，对于声测管堵塞等情况，需结合其他方法进行检测判定，但判定类别不得高于Ⅱ类桩。
>
> 6）桩检测系统【详见 P144 图 5-6】。
>
> （2）低应变反射波法
>
> 1）检测目的：通过低应变反射波法检测，检测基桩的桩身完整性。
>
> 2）检测原理：采集的激振波传递过程记录曲线，进行桩身完整性判定。桩埋设土层中，桩周边土对桩身激振波的传递产生阻尼作用，使激振波信号逐渐衰减。
>
> 3）检测仪器：RSM-PRT（T）现场检测仪器。
>
> 4）桩基完整性依据《公路工程基桩检测技术规程》JTG/T 3512—2020。桩身完整性类别划分与判定【详见 P146 表 5-57】。

> **巩固练习**

1.【判断题】土工试验可以测定土的基本工程性质，为工程设计和施工提供可靠的参数。（   ）

2.【判断题】土的含水率试验必须对两个试样进行平行测定，取两个测值的平均值，以百分数表示。（   ）

3.【判断题】基桩试验采用超声波检测法时，材料越均匀，传播时能量衰减越厉害。（   ）

4.【单选题】土含水率试验必须对两个试样进行平行测定，当含水率小于 40% 时，测定的差值应不大于（   ）。

A. 1% B. 1.5%
C. 2% D. 2.5%

5.【单选题】环刀法测定土的密度适用于（   ）。

A. 粗粒土 B. 细粒土
C. 冻土   D. 砂砾土

6.【单选题】环刀法测定土的密度时必须对两个试样进行平行测定，其平行差值不得大于（   ）g/cm。

A. 0.01 B. 0.02
C. 0.03 D. 0.04

7.【单选题】下列关于基桩试验采用超声波检测法的表述中，不正确的是（   ）。

A. 本方法适用于检测孔径不小于 0.6m、不大于 5.0m 桩孔的孔壁变化情况、孔径垂直度、实测孔深
B. 声波的波速取决于介质的性质，越致密，则波速越高
C. 检测中应采取有效手段，保证检测信号清晰有效
D. 材料越均匀，传播时能量的衰减越少

8.【单选题】当采用低应变反射波法进行基桩检测时，桩端反射较明显，但有局部缺陷所产生的反射信号，混凝土波速处于正常范围；桩身本身基本完整，有轻度缺陷，不影响正常使用特征，该桩属于（　　）类桩。
A. Ⅰ B. Ⅱ
C. Ⅲ D. Ⅳ

9.【多选题】烘干法测定土的含水率适用于（　　）。
A. 粗粒土 B. 细粒土
C. 有机质土 D. 冻土
E. 砂类土

【答案】1. √；2. √；3. ×；4. A；5. B；6. C；7. D；8. B；9. ABCD

第八节　屋面及防水工程施工试验

考点 22：屋面及防水工程施工试验 ★ ●

> **教材点睛**　教材 P148−150
>
> 法规依据：《屋面工程质量验收规范》GB 50207—2012。
> **1. 屋面防水材料进场检验项目【详见 P148-149 表 5-59】**
> **2. 屋面淋水（蓄水）试验**
> （1）屋面淋水、蓄水试验检查内容：屋面有无渗漏、积水和排水系统是否通畅。
> （2）淋水试验要求：雨后或持续淋水 2h 后进行，并填写淋水试验记录。
> （3）蓄水试验要求：具备蓄水条件的檐沟、天沟应进行蓄水试验，蓄水时间不得少于 24h，并填写蓄水试验记录。

巩固练习

1.【判断题】防水工程各分项工程的每个检验批应按屋面面积每 100m² 抽查一处，每处应为 10m²，且不得少于 3 处。（　　）

2.【判断题】检查屋面有无渗漏、积水或排水系统是否通畅，应在雨后或持续淋水 2h 后进行，并应填写淋水试验记录。（　　）

3.【单选题】屋面防水卷材物理性能检验项目不包括（　　）。

A. 固体含量　　　　　　　　　B. 不透水性
C. 低温柔性　　　　　　　　　D. 耐热度

4.【单选题】屋面防水涂料物理性能检验项目不包括（　　）。
A. 低温柔性　　　　　　　　　B. 拉力
C. 不透水性　　　　　　　　　D. 固体含量

5.【单选题】屋面防水用密封材料现场抽样方法为，每（　　）产品为一批，不足时按一批取样。
A. 100kg　　　　　　　　　　B. 200kg
C. 500kg　　　　　　　　　　D. 1000kg

6.【单选题】屋面蓄水试验的蓄水高度为（　　）。
A. 大于50mm　　　　　　　　B. 大于20mm
C. 不小于100mm　　　　　　　D. 不大于100mm

7.【多选题】下列属于高聚物改性沥青防水卷材进场检验的物理性能检验项目的是（　　）。
A. 可溶物含量　　　　　　　　B. 断裂拉伸强度
C. 低温折性　　　　　　　　　D. 耐热度
E. 不透水性

8.【多选题】下列属于合成高分子防水涂料进场检验的物理性能检验项目的是（　　）。
A. 固体含量　　　　　　　　　B. 耐热性
C. 低温折性　　　　　　　　　D. 断裂伸长率
E. 拉伸强度

【答案】1. √；2. √；3. A；4. B；5. D；6. B；7. ADE；8. ADE

第九节　房屋结构实体检测

考点 23：房屋结构实体检测 ★●

教材点睛 教材 P150-154

法规依据：《混凝土结构工程施工质量验收规范》GB 50204—2015；
《回弹法检测混凝土抗压强度技术规程》JGJ/T 23—2011；
《混凝土物理力学性能试验方法标准》GB/T 50081—2019。

1. 结构实体检验项目：包括混凝土强度、钢筋保护层厚度、结构位置与尺寸偏差以及合同约定的项目。

2. 结构实体混凝土同条件养护试件强度检验
（1）同条件养护试件的取样和留置应符合的相关规定【详见 P150-157】。

171

> **教材点睛** 教材 P150-154（续）
>
> （2）对同一强度等级的同条件养护试件，其强度值应除以 0.88 后按现行国家标准《混凝土强度检验评定标准》GB/T 50107—2010 的有关规定进行评定，评定结果符合要求时，可判定结构实体混凝土强度合格。
>
> **3. 结构实体混凝土回弹-取芯法强度检验**
>
> （1）回弹构件的抽取规定【详见 P151】。
>
> （2）同一强度等级的构件，按每个构件的最小测区平均回弹值排序，选取最低的 3 个测区对应的部位各钻取 1 个芯样试件。直径宜为 100mm，且不宜小于混凝土骨料最大粒径的 3 倍。芯样试件的端部宜采用环氧胶泥、聚合物水泥砂浆、硫黄胶泥修补。
>
> （3）对同一强度等级的构件，结构实体混凝土强度合格判定【详见 P151-152】。
>
> **4. 结构实体钢筋保护层厚度检验**
>
> （1）结构实体钢筋保护层厚度检验构件抽样规定【详见 P152】。
>
> （2）钢筋保护层厚度的检验，采用非破损或局部破损的方法，或采用非破损方法并用局部破损方法进行校准。钢筋保护层厚度检验的检测误差不应大于 1mm。
>
> （3）梁类、板类构件纵向受力钢筋的保护层厚度应分别进行验收。合格判定【详见 P152】。
>
> **5. 结构实体位置与尺寸偏差检验**
>
> （1）结构实体位置与尺寸偏差检验构件的选取规定【详见 P152】。
>
> （2）结构实体位置与尺寸偏差检验项目及检验方法【详见 P153-154 表 5-63～表 5-65】。
>
> （3）检验可采用非破损或局部破损的方法，或采用非破损方法并用局部破损方法进行校准。
>
> （4）结构实体位置与尺寸偏差项目合格判定【详见 P154】。

巩固练习

1. 【判断题】结构实体混凝土回弹－取芯法强度检验时，楼板构件的回弹应在板面进行。（　　）

2. 【判断题】钢筋保护层厚度的检验，必须采用无损检验的方法。（　　）

3. 【判断题】当全部钢筋保护层厚度检验的合格率小于 90% 时，应判定为不合格。（　　）

4. 【判断题】悬挑梁钢筋保护层厚度检测，应抽取构件数量的 5% 且不少于 10 个构件进行检验。（　　）

5. 【单选题】下列关于结构实体混凝土同条件养护试件取样和留置的说法中，不正确的是（　　）。

　A. 同条件养护试件所对应的结构构件或结构部位，应由施工单位确定

　B. 同条件养护试件应在混凝土浇筑入模处见证取样

C. 同一强度等级的同条件养护试件不宜少于 10 组，且不应少于 3 组
D. 同条件养护试件的取样宜均匀分布于施工周期内

6.【多选题】下列关于结构实体混凝土回弹－取芯法强度检验的说法中，正确的是（　　）。

A. 不宜抽取截面高度小于 300mm 的梁和边长小于 500mm 的柱
B. 对同一强度等级的构件，应按每个构件的最小测区平均回弹值进行排序，并选取最低的 3 个测区对应的部位各取 1 个芯样试件
C. 芯样试件的端部宜采取环氧胶泥或聚合物水泥砂浆补平
D. 芯样不应有裂缝、缺陷及钢筋等其他杂物
E. 应采用钢板尺测量芯样试件的高度，精确至 0.5mm

【答案】1. ×；2. ×；3. ×；4. √；5. A；6. BCD

第六章 建筑工程质量问题

第一节 工程质量问题的分类、识别

考点 24：工程质量问题的分类与识别 ★ ●

> **教材点睛** 教材 P155-156
>
> 1. **工程质量问题的分类**：分为工程质量缺陷、工程质量通病、工程质量事故。
> 2. **工程质量问题的识别方法**：看、摸、敲、试验、检测等。

第二节 建筑工程中常见的质量问题（通病）

考点 25：建筑工程常见质量通病 ★ ●

> **教材点睛** 教材 P156-157
>
> 1. **建筑施工项目质量问题表现**：沉、渗、漏、泛、堵、壳、裂、砂、锈等。
> 2. **分部分项工程常见质量通病**
>
> | | | |
> |---|---|---|
> | 地基基础工程 | 1. 地基不均匀下沉；
3. 挖方边坡塌方； | 2. 预应力混凝土管桩桩身断裂；
4. 基坑（槽）回填土沉陷 |
> | 地下防水工程 | 1. 防水混凝土结构裂缝、渗水；
3. 施工缝渗漏 | 2. 卷材防水层空鼓； |
> | 砌体工程 | 1. 小型空心砌块填充墙裂缝；
3. 砌体标高、轴线等几何尺寸偏差；
5. 构造柱混凝土出现蜂窝、孔洞和露筋； | 2. 砌体砂浆饱满度不合规；
4. 砖墙与构造柱连接不符合要求；
6. 填充墙与梁、板接合处开裂 |
> | 混凝土
结构工程 | 1. 混凝土结构裂缝；
3. 混凝土墙、柱层间边轴线错位；
5. 滚轧直螺纹钢筋接头施工不规范； | 2. 钢筋保护层不符合规范要求；
4. 模板钢管支撑不当导致结构变形；
6. 混凝土存在蜂窝、麻面、空洞现象 |
> | 楼地面工程 | 1. 楼（地）面收缩、空鼓、裂缝；
3. 卫生间楼地面渗漏水； | 2. 楼梯踏步阳角开裂或脱落、尺寸不一致；
4. 底层地面沉陷 |
> | 装饰装修工程 | 1. 饰面砖空鼓、松动脱落、开裂、渗漏；
3. 栏杆高度低、间距过大、连接不牢、耐久性差；
4. 抹灰表面不平整、立面不垂直、阴阳角不方正 | 2. 门窗变形、渗漏、脱落； |
> | 屋面工程 | 1. 水泥砂浆找平层开裂；
3. 屋面防水层渗漏；
5. 涂膜出现粘结不牢、脱皮、裂缝等现象 | 2. 找平层起砂、起皮；
4. 细部构造渗漏 |
> | 建筑节能工程 | 1. 外墙隔热保温层开裂； | 2. 有保温层的外墙饰面砖空鼓、脱落 |

> 巩固练习

1.【判断题】混凝土、水泥楼（地）面收缩、空鼓、裂缝属于混凝土结构工程中的质量通病。（   ）

2.【判断题】屋面防水中的涂膜出现粘结不牢、脱皮、裂缝等现象是屋面工程中的质量通病。（   ）

3.【单选题】(   )是指各类影响工程结构、使用功能和外形观感的常见性质量损伤。

A. 工程质量缺陷 B. 工程质量事故
C. 工程质量通病 D. 工程安全事故

4.【单选题】下列（   ）不属于混凝土结构工程中的质量通病。

A. 填充墙与梁板接合处开裂
B. 混凝土结构裂缝
C. 模板钢管支撑不当导致结构变形
D. 钢筋锚固长度不够

5.【多选题】工程质量问题一般分为（   ）。

A. 工程质量缺陷 B. 工程质量通病
C. 工程质量事故 D. 工程安全事故
E. 资料不完整

6.【多选题】目前，建筑工程质量问题的识别方法主要有（   ）、检测等。

A. 看 B. 摸
C. 敲 D. 照
E. 试验

【答案】1. ×；2. √；3. C；4. A；5. ABC；6. ABCE

第三节　地基基础工程中的质量通病

考点 26：地基基础工程质量通病 ★ ●

教材点睛　教材 P157-160

1. **地基基础工程常见质量通病**：地基不均匀沉降、预应力混凝土管桩身断裂、挖方边坡塌方、基础（槽）回填土沉降等。

2. 地基基础工程质量通病现象、规范标准相关规定、原因分析、预防措施及一般工序【详见 P157-160 表 6-1～表 6-4】。

> **巩固练习**

1.【判断题】《建筑地基基础工程施工质量验收标准》GB 50202—2018 中，土方开挖的顺序、方法必须与设计工况相一致，并遵循"开槽支撑，先撑后挖，分层开挖，严禁超挖"的原则。（　　）

2.【单选题】回填土应由低处开始分层回填、夯实，采用蛙式打夯机夯实，每层厚度不宜大于（　　）mm。
   A. 100～200　　　　　　　　　B. 200～250
   C. 250～350　　　　　　　　　D. 350～450

3.【单选题】下列不属于地基基础工程中的质量通病的是（　　）。
   A. 基坑涌现流砂　　　　　　　B. 地基不均匀下沉
   C. 预应力混凝土管桩桩身断裂　D. 挖方边坡塌方

4.【单选题】《建筑桩基技术规范》JGJ 94—2008 中，当遇到贯入度剧变，桩身突然发生倾斜、位移或有严重回弹，桩顶或桩身出现严重裂缝、破碎等情况时，应（　　）。
   A. 继续打桩，并分析原因，采取相应措施
   B. 暂停打桩，并分析原因，采取相应措施
   C. 暂停打桩，休息会继续打桩
   D. 继续打桩，并通知设计院

5.【单选题】《建筑桩基技术规范》JGJ 94—2008 中，压桩过程中应测量桩身的垂直度。当桩身垂直度偏差大于（　　）时，应找出原因并设法纠正；当桩尖进入较硬土层后，严禁用移动机架等方法强行纠偏。
   A. 1%　　　　　　　　　　　　B. 2%
   C. 3%　　　　　　　　　　　　D. 4%

6.【多选题】地基不均匀沉降往往导致建筑物开裂、塌陷，具体原因包括（　　）。
   A. 地质报告不真实
   B. 建筑物单体设计太长、平面图形复杂等
   C. 混凝土振捣不密实
   D. 基坑边坡坡度过大
   E. 施工方面上的质量保证体系不健全，质量管理不到位等

7.【多选题】基坑边坡发生塌方或滑坡的原因有（　　）。
   A. 基坑开挖边坡的放坡不够
   B. 没有根据不同土质的特性设置边坡，致使土体边坡失稳而产生塌方
   C. 边坡顶部局部堆载过大，或受外力振动影响，引起边坡失稳而塌方
   D. 开挖顺序、方法不当而造成塌方
   E. 基坑土质为黏性土

【答案】1. √；2. B；3. A；4. B；5. A；6. ABE；7. ABCD

第四节 地下防水工程中的质量通病

考点 27：地下防水工程质量通病★

> **教材点睛** 教材 P160-162
>
> **1. 地下防水工程常见质量通病：** 防水混凝土结构裂缝渗水、卷材防水层空鼓、施工缝渗漏等。
>
> **2.** 地下防水工程质量通病现象、规范标准相关规定、原因分析、预防措施及一般工序【详见 P160-162 表 6-5～表 6-7】。

巩固练习

1.【单选题】《地下防水工程质量验收规范》GB 50208—2011 中，地下工程防水等级有（　　）级。

A. 二　　　　　　　　　　　　　B. 三
C. 四　　　　　　　　　　　　　D. 五

2.【单选题】抗渗混凝土抗渗等级用符号（　　）表示。

A. M　　　　　　　　　　　　　B. C
C. P　　　　　　　　　　　　　D. MU

3.【单选题】地下室侧墙水平施工缝设置在距地下室底板的板面（　　）mm 之间。

A. 100～200　　　　　　　　　　B. 300～500
C. 500～700　　　　　　　　　　D. 700～900

4.【单选题】《地下防水工程质量验收规范》GB 50208—2011 中，地下工程三级防水等级要求是（　　）。

A. 有漏水点，不得有线流和漏泥砂

B. 有少量漏水点，不得有线流和漏泥砂

C. 不允许漏水，结构表面可有少量湿渍

D. 不允许渗水，结构表面无湿渍

5.【单选题】《地下防水工程质量验收规范》GB 50208—2011 中，地下室墙体水平施工缝应留设在高出底板表面不小于（　　）mm 的墙体上。

A. 100　　　　　　　　　　　　　B. 200
C. 300　　　　　　　　　　　　　D. 400

6.【多选题】卷材防水层的基面应（　　）。

A. 坚实　　　　　　　　　　　　B. 平整
C. 清洁　　　　　　　　　　　　D. 在阴阳角处做圆弧或折角
E. 毛化处理

【答案】1. C；2. C；3. B；4. B；5. C；6. ABCD

第五节 砌体工程中的质量通病

考点28：砌体工程质量通病 ★ ●

> 教材点睛　教材P162-168
>
> **1. 砌体工程常见质量通病**：砌体填充墙裂缝，砂浆饱满度不够，砌体标高、轴线等几何尺寸偏差，砌墙与构造柱连接不符合要求，构造柱混凝土出现蜂窝、孔洞和露筋，填充墙与梁、板接合处开裂等。
>
> **2.** 砌体工程质量通病现象、规范标准相关规定、原因分析、预防措施及一般工序【详见P162-168 表6-8～表6-13】。

巩固练习

1.【判断题】为赶工期，小砌块没到产品龄期就砌筑，由于砌块膨胀量过大而引起墙体开裂。（　　）

2.【判断题】构造柱与砖墙连接的马牙槎内的混凝土、砖墙灰缝的砂浆都必须密实饱满，砖墙水平灰缝砂浆饱满度不得低于80%。（　　）

3.【单选题】国家建筑标准设计图集《砌体填充墙结构构造》12G614—1中规定，砌筑砂浆强度不应小于（　　）。

A. M2.5　　　　　　　　　　B. M5.0
C. M7.5　　　　　　　　　　D. M10

4.【单选题】砌筑砂浆必须搅拌均匀，一般情况下砂浆应在（　　）h内用完，气温超过30℃时，必须在2～3h内用完。

A. 1～2　　　　　　　　　　B. 3～4
C. 4～5　　　　　　　　　　D. 5～6

5.【单选题】砌体工程施工有①放线、②抄平、③摆砖、④立皮数杆、⑤挂线、⑥砌砖、⑦勾缝、⑧清理，正确顺序为（　　）。

A. ②→③→①→④→⑤→⑥→⑦→⑧
B. ②→①→③→④→⑤→⑥→⑦→⑧
C. ②→③→①→⑤→④→⑥→⑦→⑧
D. ②→①→③→⑤→④→⑥→⑦→⑧

6.【单选题】填充墙砌体砌筑，应待承重主体结构检验批验收合格后进行。填充墙与承重主体结构间的空（缝）隙部位施工，应在填充墙砌筑（　　）d后进行。

A. 1　　　　　　　　　　　　B. 3
C. 7　　　　　　　　　　　　D. 14

7.【多选题】砌体工程中的质量通病有（　　）。
   A. 砌体砂浆饱满度不符合规范要求
   B. 砌体标高、轴线等几何尺寸偏差
   C. 砖墙与构造柱连接不符合要求
   D. 构造柱混凝土出现蜂窝、孔洞和露筋
   E. 灰饼厚度不均匀

8.【多选题】《砌体结构工程施工质量验收规范》GB 50203—2011中规定，竖向灰缝不得出现（　　）。
   A. 透明缝　　　　　　　　　　B. 瞎缝
   C. 假缝　　　　　　　　　　　D. 通缝
   E. 冷缝

9.【多选题】《砌体结构工程施工质量验收规范》GB 50203—2011中，构造柱与墙体的连接应符合下列规定（　　）。
   A. 墙体应砌成马牙槎
   B. 马牙槎凹凸尺寸不宜小于60mm
   C. 马牙槎高度不应超过500mm
   D. 马牙槎应先进后退
   E. 马牙槎尺寸偏差每一构造柱不应超过9处

【答案】1. ×；2. √；3. B；4. B；5. B；6. D；7. ABCD；8. ABC；9. ABE

第六节　混凝土结构工程中的质量通病

考点29：混凝土结构工程质量通病 ★ ●

教材点睛　教材P169-176

1. **混凝土结构工程常见质量通病**：混凝土结构裂缝；钢筋保护层不合规；墙柱层间边轴线错位；模板钢管支撑不当导致结构变形；直螺纹钢筋结构施工不规范；混凝土不密实，存在蜂窝、麻面、空洞现象等。
2. 混凝土结构工程质量通病现象、规范标准相关规定、原因分析、预防措施及一般工序【详见P169-176表6-14～表6-19】。

巩固练习

1.【判断题】框架柱、剪力墙放线时，在引测时没有在同一原始轴线基准点开始引测放线，容易使墙、柱轴线出现偏差。　　　　　　　　　　　　　　　　　（　　）

2.【单选题】在施工缝处继续浇筑混凝土时，已浇筑的混凝土抗压强度不应小于

（　　）MPa。

  A. 0.8   B. 1.0

  C. 1.2   D. 1.4

3.【单选题】混凝土浇筑时，浇筑柱混凝土高度不应超过（　　）m，否则应设串筒下料。

  A. 1   B. 2

  C. 3   D. 4

4.【单选题】现有一跨度为7.5m的现浇钢筋混凝土梁，其同条件养护的混凝土立方体试件抗压强度达到设计混凝土强度等级值的（　　），方可拆除底模及支架。

  A. 50%   B. 70%

  C. 75%   D. 100%

5.【单选题】《混凝土结构工程施工规范》GB 50666—2011规定，模板及支架应根据施工过程中的各种工况进行设计，应具有足够的（　　）。

  A. 强度变形和稳定性

  B. 承载力和刚度，并应保证其整体稳固性

  C. 强度刚度和局部稳定性

  D. 承载力和刚度及变形能力

6.【单选题】直螺纹钢筋接头安装时可用管钳扳手拧紧，应使钢筋头在套筒中央位置相互顶紧，标准型结构安装后的外露螺纹长度不宜超过（　　）。

  A. 1p B. 2p

  C. 3p D. 4p

7.【单选题】柱露筋原因一般是保护层未达到设计要求，《混凝土结构工程施工质量验收规范》GB 50204—2015中规定，柱钢筋安装保护层厚度允许偏差为（　　）mm。

  A. ±10   B. ±8

  C. ±5   D. +3

8.【多选题】混凝土温度应力裂缝预防措施有（　　）。

  A. 降低混凝土浇筑温度

  B. 分层分块浇筑

  C. 表面保温与保湿

  D. 增加混凝土坍落度

  E. 降低混凝土发热量，选用水化热低、凝结时间长的水泥

9.【多选题】混凝土模板支撑系统中，（　　）属于高大模板，应编制专项施工方案并专家论证。

  A. 搭设高度8m及以上   B. 搭设跨度18m及以上

  C. 施工总荷载20kN/m² 及以上   D. 集中线荷载15kN/m及以上

  E. 集中线荷载20kN/m及以上

【答案】1. √；2. C；3. B；4. C；5. B；6. B；7. C；8. ABCE；9. AE

第七节 楼（地）面工程中的质量通病

考点30：楼（地）面工程质量通病 ★ ●

> **教材点睛** 教材 P177-180
>
> **1. 楼（地）面工程常见质量通病**：混凝土（水泥）楼（地）面收缩空鼓裂缝，楼梯踏步阳角开裂或脱落、尺寸不一致，厨、卫间楼（地）面渗漏水，底层地面沉陷等。
>
> **2.** 楼（地）面工程质量通病现象、规范标准相关规定、原因分析、预防措施及一般工序【详见 P177-180 表6-20～表6-23】。

巩固练习

1.【判断题】厨、卫间楼（地）面施工完成后，做蓄水深度为 20～30mm、时间不小于 12h 的蓄水试验。（　　）

2.【单选题】大面积水泥、混凝土楼（地）面完成后应留设缩缝，横向缩缝间距按轴线尺寸计算，纵向缩缝间距（　　）。
   A. ≤3m
   B. ≤4m
   C. ≤5m
   D. ≤6m

3.【单选题】《建筑地面工程施工质量验收规范》GB 50209—2010 中规定，为防止底层地面沉陷，基土应均匀密实，压实系数应符合设计要求，设计无要求时，不应小于（　　）。
   A. 0.95
   B. 0.90
   C. 0.85
   D. 0.80

4.【单选题】《建筑地面工程施工质量验收规范》GB 50209—2010 中规定，面层与下一层应结合牢固，且应无空鼓和开裂。当出现空鼓时，空鼓面积不应大于（　　）cm^2，且每个自然间或标准间不应多于（　　）处。
   A. 400、2
   B. 200、2
   C. 300、4
   D. 400、3

5.【单选题】厨、卫间周边翻边混凝土应整体浇筑，高度（　　）mm，混凝土强度等级（　　）。
   A. ≥200，≥C30
   B. ≥300，≥C20
   C. ≥200，≥C20
   D. ≥300，≥C30

6.【多选题】底层地面沉陷、面层开裂的原因主要有（　　）。
   A. 压实系数不符合设计规范要求
   B. 软弱基土处理不当
   C. 回填土内含有机物及腐质物
   D. 混凝土振捣不密实
   E. 地面基土回填未分层夯实，或分层厚度不符合规范要求

【答案】1. ×；2. D；3. B；4. A；5. C；6. ABCE

第八节 装饰装修工程中的质量通病

考点 31：装饰装修工程质量通病 ★ ●

教材点睛　教材 P181-184

1. 装饰装修工程常见质量通病： 外墙饰面砖空鼓、松动脱落、开裂、渗漏，门窗变形、渗漏、脱落，栏杆高度不够、间距过大、连接牢固不牢、耐久性差，抹灰表面不平整、立面不垂直、阴阳角不方正等。

2. 装饰装修工程质量通病现象、规范标准相关规定、原因分析、预防措施及一般工序【详见 P181-184 表 6-24～表 6-27】。

巩固练习

1.【判断题】阳台、外廊、室内回廊、内天井、上人屋面及室外楼梯等临空处应设置防护栏杆，栏杆应用坚固、耐久的材料制作，并能承受荷载规范规定的垂直荷载。
（　　）

2.【判断题】《建筑装饰装修工程质量验收标准》GB 50210—2018 中规定，一般抹灰中的普通抹灰立面垂直度、表面平整度、阴阳角方正允许偏差都是 3mm。（　　）

3.【判断题】建筑外墙防水工程施工时，找平层砂浆厚度超过 10mm 时，应分层压实、抹平。
（　　）

4.【单选题】下列关于建筑外墙防水工程施工的做法中，正确的是（　　）。
A. 找平层不具有防水能力
B. 外墙面找平层必须一次成活
C. 外墙砖接缝宽度宜为 3～8mm，不得采用密缝粘结
D. 找平层抹灰前应在基面涂刷一层胶粘剂

5.【单选题】外墙砖勾缝应饱满、密实，勾缝形式常采用的是（　　）。

A. 平缝
B. 凹缝
C. 斜缝
D. 半圆凹缝

6.【单选题】《建筑装饰装修工程质量验收标准》GB 50210—2018 中规定，金属门窗框与墙体之间的缝隙应填嵌饱满并采用（　　）密封。

A. 水泥砂浆　　　　　　　　　　B. 细石混凝土
C. 密封胶　　　　　　　　　　　D. 腻子粉

7.【单选题】《民用建筑设计统一标准》GB 50352—2019 中规定，阳台、外廊、室内回廊、内天井、上人屋面及室外楼梯等临空处应设置防护栏杆，临空高度在 24m 以下时，栏杆高度不应低于（　　）m，临空高度在 24m 及 24m 以上（包括中高层住宅）时，栏杆高度不应低于（　　）m。

A. 1.05，1.05　　　　　　　　　B. 1.05，1.10
C. 1.10，1.10　　　　　　　　　D. 1.05，1.15

8.【单选题】普通抹灰中，阴阳角方正允许偏差（　　）mm。

A. 2　　　　　　　　　　　　　B. 3
C. 4　　　　　　　　　　　　　D. 5

9.【多选题】《建筑装饰装修工程质量验收标准》GB 50210—2018 中规定，门窗工程应对（　　）进行复验。

A. 门窗的抗压性能
B. 人造木板的甲醛含量
C. 建筑外墙金属窗塑料窗的抗风压性能
D. 建筑外墙金属窗塑料窗的空气渗透性能
E. 建筑外墙金属窗塑料窗的雨水渗漏性能

【答案】1. ×；2. ×；3. √；4. C；5. D；6. C；7. B；8. C；9. BCDE

第九节　屋面工程中的质量通病

考点 32：屋面工程质量通病 ★ ●

> **教材点睛**　教材 P185-188
>
> **1. 屋面工程常见质量通病：** 水泥砂浆找平层开裂，找平层起砂、起皮，屋面防水层渗漏，细部构造渗漏，涂膜出现粘结不牢、脱皮、裂缝等现象。
>
> **2.** 屋面工程质量通病现象、规范标准相关规定、原因分析、预防措施及一般工序【详见 P185-188 表 6-28～表 6-32】。

巩固练习

1.【判断题】《屋面工程质量验收规范》GB 50207—2012 中规定，檐沟防水层应由沟底翻上至外侧顶部，卷材收头应用金属压条固定，并用密封材料封严；涂膜收头应用防水涂料多遍涂刷。（　　）

2.【判断题】根据《屋面工程质量验收规范》GB 50207—2012 的规定，防水涂料应多遍涂布,应待前一遍涂布的涂料干燥成膜后,再涂布后一遍涂料,且前后两遍涂料的涂布方向应相同。   ( )

3.【单选题】《屋面工程质量验收规范》GB 50207—2012 中规定,屋面找平层分隔缝纵横间距不宜大于(   )m。

A. 3 B. 4
C. 5 D. 6

4.【单选题】找平层施工完成后,应及时覆盖浇水养护,养护时间宜为(   )d。

A. 7～10 B. 10～14
C. 14～18 D. 24～28

5.【单选题】保温浆料应分层施工,每层厚度不宜大于(   )mm。

A. 8 B. 10
C. 12 D. 14

6.【多选题】屋面工程找平层水泥砂浆应符合的要求有(   )。

A. 水泥强度等级不低于 32.5 级的普通硅酸盐水泥
B. 宜采用细砂
C. 找平层应在板端设置分隔缝
D. 分隔缝宽度应合宜
E. 找平层施工前,应适当洒水湿润基层表面

7.【多选题】下面关于屋面防水涂料施工的说法中,正确的是(   )。

A. 防水涂料应多遍涂布,并应待前一遍涂布的涂料干燥成膜后,再涂布一遍涂料,且前后两遍涂料的涂布方向应相同
B. 涂刷施工前,应对细部构造进行增强处理
C. 上下层胎体增强材料应相互垂直铺设
D. 胎体增强材料长边搭接宽度不应小于 70mm,短边搭接宽度不应小于 50mm
E. 上下层胎体增强材料的长边搭接应错开,且不得小于幅宽的 1/3

【答案】1. √;2. ×;3. D;4. A;5. B;6. CDE;7. BE

第十节　建筑节能中的质量通病

考点 33:建筑节能质量通病 ★ ●

> **教材点睛**　教材 P188-191
>
> **1. 建筑节能常见质量通病**:外墙隔热保温层开裂,有保温层的外墙饰面层空鼓、脱落等。
>
> **2. 建筑节能质量通病现象、规范标准相关规定、原因分析、预防措施及一般工序**【详见 P188-191 表 6-33、表 6-34】。

> 巩固练习

1.【判断题】为预防有保温层的外墙饰面砖空鼓脱落，外墙饰面砖粘贴宜分板块组合，不大于 1.5m² 的板块间留缝用弹性胶填缝，饰面砖应按粘贴面积，每 16~18m² 留不小于 20mm 的伸缩缝。（　　）

2.【判断题】外墙外保温工程不宜采用粘贴饰面砖做饰面层。（　　）

3.【判断题】幕墙与周边墙体间的接缝处应采用弹性闭孔材料填充饱满，并应采用耐候结构胶密封。（　　）

4.【单选题】《建筑节能工程施工质量验收标准》GB 50411—2019 中规定，当墙体节能工程的保温层采用预埋或后置锚固件固定时，锚固件数量、位置、锚固深度和拉拔力应符合设计要求。后置锚固件应进行锚固力现场（　　）试验。

A. 拉拔　　　　　　　　　　B. 强度
C. 抗压　　　　　　　　　　D. 承载

5.【单选题】当墙体节能工程采用外保温定型产品或成套技术或产品时，其型式检验报告中应包括安全性和（　　）检验。

A. 耐久性　　　　　　　　　B. 外观质量
C. 耐候性　　　　　　　　　D. 防水性

6.【多选题】引起有保温层的外墙饰面砖空鼓、脱落的施工因素包括（　　）。

A. 浆体保温层施工影响因素　　B. 粘结保温板材施工因素
C. 保温板密度小　　　　　　　D. 保温浆料质量不合格
E. 保温板自身应力大

【答案】1. √；2. √；3. √；4. A；5. D；6. AB

第七章 建筑工程质量检查、验收、评定

考点 34：建筑工程质量检查、验收、评定 ★ ●

> **教材点睛** 教材 P192-199
>
> 《建筑工程施工质量验收统一标准》GB 50300—2013【详见 P192-199】

巩固练习

1.【判断题】一般项目是指允许偏差的检验项目。（　　）
2.【判断题】单位工程质量竣工验收应由总监理工程师组织。（　　）
3.【判断题】门窗进场后，应对其外观、品种、规格及附件等进行检查验收，对质量证明进行检查。（　　）
4.【判断题】"隐蔽"与"检验批验收"应分别进行。（　　）
5.【单选题】建筑工程质量验收应划分为单位（子单位）工程、分部（子分部）工程、分项工程和（　　）。
   A. 验收部位　　　　　　　　B. 工序
   C. 检验批　　　　　　　　　D. 专业验收
6.【单选题】单层钢结构分项工程检验批按（　　）划分。
   A. 施工段　　　　　　　　　B. 变形缝
   C. 楼层　　　　　　　　　　D. 屋面、墙板、楼面等
7.【单选题】检验批的质量应按主控项目和（　　）验收。
   A. 保证项目　　　　　　　　B. 一般项目
   C. 基本项目　　　　　　　　D. 允许偏差项目
8.【单选题】一般项目在验收时，绝大多数抽查的处（件），其质量指标都必须达到要求，其余 20% 虽可以超过一定的指标，但也是有限的，通常不得超过规定值的 50%，即最大偏差不得大于（　　）倍。
   A. 1.2　　　　　　　　　　　B. 1.1
   C. 1.5　　　　　　　　　　　D. 2
9.【单选题】下列关于检验批质量验收的表述中，错误的是（　　）。
   A. 检验批实物检查，应检验主控项目和一般项目
   B. 检验批的合格质量主要取决于对主控项目和一般项目的检验结果
   C. 检验批中的一般项目的绝大多数抽查处（件），其质量指标都必须达到要求
   D. 检验批验收时只需要进行实物检查

10. 【多选题】建筑工程的建筑与结构部分最多可划分为（　　）分部工程。
   A. 地基与基础　　　　　　　　　B. 主体结构
   C. 门窗　　　　　　　　　　　　D. 建筑装饰装修
   E. 建筑屋面

11. 【多选题】检验批可根据施工及质量控制和专业验收需要按（　　）等进行划分。
   A. 楼层　　　　　　　　　　　　B. 施工段
   C. 变形缝　　　　　　　　　　　D. 专业性质
   E. 施工程序

12. 【多选题】建设单位在收到工程验收报告后，应由建设单位负责人组织（　　）等单位（项目）负责人进行单位（子单位）工程验收。
   A. 设计单位　　　　　　　　　　B. 施工单位
   C. 监理单位　　　　　　　　　　D. 工程质量监督站
   E. 建筑管理处（站）

13. 【多选题】对于建筑工程质量不符合要求的处理，下列说法正确的有（　　）。
   A. 已返工重做或更换器具、设备的检验批，不可以重新进行验收
   B. 经有资质的检测单位检测鉴定能够达到设计要求的检验批，应予以验收
   C. 经有资质的检测单位检测鉴定达不到设计要求，但经原设计单位核算认可能够满足结构安全和使用功能的检验批，可予以验收
   D. 已返修或加固处理的分项、分部工程，虽然改变外形尺寸但仍不能满足安全使用要求，可按技术处理方案和协商文件进行验收
   E. 通过返修或加固处理仍不能满足安全使用要求的分部工程、单位（子单位）工程，严禁验收

【答案】1. ×；2. ×；3. √；4. √；5. C；6. B；7. B；8. C；9. D；10. ABDE；11. ABC；12. ABC；13. BCE

教材点睛　教材 P199-225

《建筑地基基础工程施工质量验收标准》GB 50202—2018【详见 P199-225】

巩固练习

1. 【判断题】临时性挖方的开挖深度，软土不应超过 4m，硬土不应超过 8m。（　　）
2. 【单选题】基槽开挖后，下列（　　）不属于应检验的内容。
   A. 基坑的位置　　　　　　　　　B. 基础尺寸
   C. 坑底标高　　　　　　　　　　D. 基坑土质
3. 【单选题】下列（　　）不属于土方开挖工程的质量检验的主控项目。
   A. 标高　　　　　　　　　　　　B. 长度、宽度

C. 表面平整度 D. 边坡

4.【单选题】下列（ ）不属于填土工程质量检验标准中的一般项目。
A. 回填土料 B. 分层厚度及含水量
C. 表面平整度 D. 分层压实系数

5.【单选题】地基基础分项工程检验批验收时，一般项目应有（ ）合格。
A. 100% B. 90% 及以上
C. 85% 及以上 D. 80% 及以上

6.【单选题】地下工程防水等级分为四级，其中（ ）级防水要求最高。
A. 一 B. 二
C. 三 D. 四

7.【单选题】冷贴法铺贴卷材时，接缝口应用密封材料封严，宽度不应小于（ ）。
A. 5mm B. 7mm
C. 8mm D. 10mm

【答案】1. √；2. B；3. C；4. D；5. D；6. A；7. D

> **教材点睛**　教材 P225-239
>
> 《混凝土结构工程施工质量验收规范》GB 50204—2015【详见 P225-239】

巩固练习

1.【判断题】钢筋保护层厚度检验时，纵向受力钢筋保护层厚度的允许偏差对梁类构件为+8mm，-5mm。（ ）

2.【判断题】混凝土结构实体检验采用的同条件养护试件应在达到 28d 养护龄期时进行强度试验。（ ）

3.【单选题】结构跨度为 2～8m 的钢筋混凝土现浇板的底模及其支架，当设计无具体要求时，混凝土强度达到（ ）时方可拆模。
A. 50% B. 75%
C. 100% D. 70%

4.【单选题】HRB335 级、HRB400 级钢筋的弯弧内直径不应小于钢筋直径的（ ）倍。
A. 2 B. 2.5
C. 3 D. 4

5.【单选题】用于检查结构构件混凝土强度的试件，应在混凝土的（ ）随机抽取。
A. 浇筑地点 B. 搅拌机口
C. 运输车中 D. 计量地点

6.【单选题】下列（ ）属于梁柱钢筋安装质量检查的主控项目。

A. 受力钢筋的品种、级别、规格和数量必须符合设计要求
B. 受力钢筋的排距必须符合规范的允许偏差的要求
C. 受力钢筋的保护层厚度必须满足规范的允许偏差的要求
D. 绑扎箍筋的间距必须满足规范的允许偏差的要求

7.【多选题】桩基工程检验批质量验收要求为（　　）。
A. 主控项目必须全部符合要求　　　B. 主控项目应有 80% 合格
C. 一般项目全部符合要求　　　　　D. 一般项目应有 80% 合格
E. 一般项目应有 90% 合格

8.【多选题】根据混凝土（　　）等要求进行配合比设计。
A. 强度等级　　　　　　　　　　　B. 耐久性
C. 工作性能　　　　　　　　　　　D. 抗渗性
E. 节约材料

9.【多选题】结构实体检验的内容应包括（　　）。
A. 混凝土强度　　　　　　　　　　B. 钢筋保护层厚度
C. 工程合同约定的项目　　　　　　D. 建设单位要求检验的其他项目
E. 屋面防水、保温

10.【多选题】在浇筑混凝土之前，应进行钢筋隐蔽工程验收，其内容应包括（　　）。
A. 纵向受力钢筋的品种、规格、数量、位置等
B. 钢筋的连接方式、接头位置、接头数量、接头面积百分率等
C. 模板的位置与接缝等
D. 箍筋、横向钢筋的品种、规格、数量、间距等
E. 预埋件的规格、数量、位置等

【答案】1. ×；2. ×；3. B；4. D；5. A；6. A；7. AD；8. ABC；9. ABC；10. ABDE

教材点睛　教材 P240-253

《砌体结构工程施工质量验收规范》GB 50203—2011【详见 P240-253】

巩固练习

1.【判断题】轻骨料小型空心砌块搭砌长度不应小于 90mm。　　　　（　　）

2.【单选题】砖砌体的转角处和交接处应同时砌筑，严禁无可靠措施的内外墙分砌施工。对不能同时砌筑而又必须留置的临时间断处，应砌成斜槎，斜槎水平投影长度不应小于高度的（　　）。
A. 1/3　　　　　　　　　　　　　B. 1/2
C. 2/3　　　　　　　　　　　　　D. 3/4

3.【单选题】砌体水平灰缝的砂浆饱满度不得小于（　　）。

A. 80% B. 90%
C. 70% D. 100%

4.【单选题】抹灰检查应检查界面剂情况。抹灰总厚度大于或等于（ ）时，应采取加强措施。

A. 20mm B. 25mm
C. 30mm D. 35mm

【答案】1. √；2. C；3. A；4. D

> **教材点睛** 教材 P253-263
>
> 《屋面工程质量验收规范》GB 50207—2012【详见 P253-263】

巩固练习

1.【判断题】屋面保温层厚度的允许偏差：松散保温材料和整体现浇保温层为 +10%，-5%。（ ）

2.【多选题】屋面的保温层和防水层严禁在（ ）的条件下施工。

A. 雨天 B. 雪天
C. 五级风及其以上 D. 阴天
E. 四级风及其以上

3.【多选题】屋面节能工程使用的保温隔热材料，其（ ）应符合设计要求。

A. 导热系数 B. 厚度
C. 抗压强度 D. 压缩强度
E. 燃烧性能

4.【多选题】屋面保温隔热工程应对下列（ ）部位进行隐蔽工程验收。

A. 面层 B. 保温层的敷设方式
C. 板材的缝隙填充质量 D. 隔汽层
E. 屋面热桥部位

【答案】1. √；2. ABC；3. ACDE；4. BCDE

> **教材点睛** 教材 P263-275
>
> 《建筑节能工程施工质量验收标准》GB 50411—2019【详见 P263-275】

> 巩固练习

1.【判断题】民用建筑节能工程质量的过程控制,应按《建筑工程施工质量验收统一标准》GB 50300—2013 及配套的验收规范执行,竣工时应进行节能工程专项验收。

(　　)

2.【单选题】保温砌块砌筑的墙体,应采用具有保温功能的砂浆砌筑。砌筑砂浆的强度等级应符合设计要求。砌体的水平灰缝饱满度不应低于(　　),竖直灰缝饱满度不应低于80%。

A. 80%　　　　　　　　　　　　B. 90%
C. 70%　　　　　　　　　　　　D. 100%

3.【单选题】墙体节能工程验收检验批的划分也可根据与施工流程相一致且方便施工与验收的原则,由(　　)与监理(建设)单位共同商定。

A. 安装单位　　　　　　　　　　B. 施工单位
C. 检测单位　　　　　　　　　　D. 设计单位

4.【多选题】幕墙节能工程使用的材料、构件等进场时,应对其性能进行复验,幕墙玻璃的复验检测项目有(　　)。

A. 可见光透射比　　　　　　　　B. 传热系数
C. 中空玻璃露点　　　　　　　　D. 抗剪强度
E. 遮阳系数

【答案】1. √;2. B;3. B;4. ABCE

第八章 建筑工程质量事故处理

第一节 建筑工程质量事故的特点和分类

考点 35：建筑工程质量事故特点和分类 ●

> **教材点睛** 教材 P276-279
>
> **法规依据：**《生产安全事故报告和调查处理条例》（国务院令第 493 号）。
> **1. 建筑工程质量事故的特点**：复杂性、严重性、可变性、多发性。
> **2. 建筑工程质量事故的分类**
> （1）按事故损失的严重程度划分
> 1）特别重大事故：死亡≥30人，或重伤≥100人，或直接经济损失≥1亿元的事故。
> 2）重大事故：10人≤死亡＜30人，或50人≤重伤＜100人，或5000万元≤直接经济损失＜1亿元的事故。
> 3）较大事故：3人≤死亡＜10人，或10人≤重伤＜50人，或1000万元≤直接经济损失＜5000万元的事故。
> 4）一般事故：死亡＜3人，或重伤＜10人，或100万元≤直接经济损失的事故＜1000万元。
> （2）按事故产生的原因划分：管理原因引发的质量事故；技术原因引发的质量事故；社会、经济原因引发的质量事故。
> （3）按事故发生部位和现象分类：地基事故、基础事故、错位事故、开裂事故、变形事故、倒塌事故。
> （4）按事故造成的后果分类：未遂事故、已遂事故。
> （5）按事故责任分类：指导责任事故、操作责任事故。

巩固练习

1.【判断题】工程许多质量问题，其质量状态并非稳定于发现的初始状态，随着时间推移还在不断发展变化。（　　）

2.【判断题】重大事故，是指造成10人以上30人以下死亡，或者50人以上100人以下重伤，或者6000万元以上1亿元以下直接经济损失的事故。（　　）

3.【单选题】建筑工程质量事故，是指建筑工程质量不符合规定的（　　）或设计要求。

A. 验收标准 B. 质量标准
C. 规范要求 D. 进度要求

4.【单选题】《生产安全事故报告和调查处理条例》(国务院令第493号)中规定,( )是指造成3人以上10人以下死亡,或者10人以上50人以下重伤,或者1000万元以上5000万元以下直接经济损失的事故。

A. 重大事故 B. 较大事故
C. 一般事故 D. 特别重大事故

5.【单选题】由于工程负责人片面追求施工进度,放松或不按质量标准进行控制和检验,人为降低施工质量标准,这个属于( )。

A. 指导责任事故 B. 操作责任事故
C. 安全责任事故 D. 设计责任事故

6.【单选题】( )是指在工程项目实施过程中由于设计、施工技术等方面的失误而造成的事故。

A. 技术原因引发的质量事故 B. 操作责任事故
C. 管理原因引发的质量事故 D. 设计责任事故

7.【单选题】一名工人随倒塌物一起坠落而死亡,该质量事故属于( )质量事故。

A. 一般 B. 严重
C. 重大 D. 特大

8.【多选题】凡具备下列条件之一者为重大质量事故:( )。

A. 工程倒塌或报废
B. 直接经济损失10万以上
C. 严重影响使用功能或工程结构安全
D. 造成人员伤亡或重伤3人以上
E. 事故性质恶劣或造成2人以下重伤

9.【多选题】一般而言,建筑工程质量事故具有( )等特点。

A. 复杂性 B. 严重性
C. 可变性 D. 多发性
E. 差异性

10.【多选题】建设工程质量事故的分类方法有许多,可以按( )来划分。

A. 造成损失严重程度 B. 产生的原因和部位
C. 其造成的后果可变性 D. 其事故责任可变性
E. 工程地点

【答案】1. √; 2. ×; 3. B; 4. B; 5. A; 6. A; 7. A; 8. ABD; 9. ABCD; 10. ABCD

第二节 建筑工程质量事故处理的依据和程序

考点 36：建筑工程质量事故处理依据和程序

> **教材点睛** 教材 P279-284
>
> **1. 建筑工程质量事故处理的依据**
> （1）质量事故的实况资料：施工单位的质量事故调查报告；监理单位调查研究所获得的第一手资料。
> （2）有关合同及合同文件：工程承包合同；设计委托合同；设备与器材购销合同；监理合同等（确定施工参与各方在质量事故中的责任）。
> （3）有关技术文件和档案：有关的设计文件如施工图纸和技术说明等；与施工有关的技术文件、档案和资料（对于分析质量事故原因，判断其发展变化趋势，推断事故影响及严重程度，考虑处理措施等，起着重要的作用）。
> （4）相关建设法规：《建筑法》与工程质量及质量事故处理有关的有以下五类。
> 1）勘察、设计、施工、监理等单位资质管理方面的法规。
> 2）从业者资格管理方面的法规。
> 3）建筑市场方面的法规。
> 4）建筑施工方面的法规。
> 5）关于标准化管理的法规。
> **2. 建筑工程质量事故处理的程序**：事故调查→事故原因分析→结构可靠性鉴定→事故调查报告→确定处理方案→事故处理设计→处理施工→检查验收→得出结论。

巩固练习

1.【判断题】一般而言，建筑工程质量事故处理的程序是事故调查→事故原因分析→结构可靠性鉴定→事故调查报告→确定处理方案→事故处理设计→处理施工→检查验收→得出结论。　　　　　　　　　　　　　　　　　　　　　　（　　）

2.【判断题】可靠性鉴定是在计算数据的基础上，按照国家现行标准的规定，对结构进行检测，最后做出结构可靠程度的评价。　　　　　　　　　　　　（　　）

3.【判断题】事故处理施工中，如发现事故情况与调查报告中所述内容差异较大，应停止施工，会同设计等单位采取适当措施后再施工。　　　　　　　　（　　）

4.【单选题】建筑工程质量事故发生后，事故处理的基本要求是：查明原因，落实措施，妥善处理，消除隐患，界定责任。其中核心及关键是（　　）。
    A. 查明原因　　　　　　　　　　B. 妥善处理
    C. 界定责任　　　　　　　　　　D. 落实措施

5.【单选题】结构可靠性是指结构在规定的时间内、规定的条件下完成预定功能的能力，包括安全性、适用性和（　　）。

A. 可靠性 B. 长期性
C. 耐久性 D. 牢固性

6.【单选题】结构可靠性鉴定结论一般由（　　）作出。
A. 建筑物鉴定的机构 B. 施工单位
C. 监理单位 D. 设计单位

7.【单选题】工程质量事故经过处理后，都应有明确的（　　）结论。
A. 口头 B. 书面
C. 口头或者书面 D. 口头并且书面

8.【多选题】事故处理设计一般应注意以下（　　）事项。
A. 按照有关设计规范的规定进行 B. 考虑施工的可行性
C. 重视结构环境的不良影响 D. 考虑实施费用
E. 安全措施

9.【多选题】发生质量事故后需要进行事故调查，调查结果要整理撰写成事故调查报告，其主要内容包括（　　）。
A. 工程概况、事故情况 B. 事故调查中的有关数据、资料
C. 事故原因分析与初步判断 D. 质量事故检查验收记录
E. 事故涉及人员与主要责任者的情况

【答案】1. √；2. ×；3. √；4. A；5. C；6. A；7. B；8. ABC；9. ABCE

第三节　建筑工程质量事故处理的方法与验收

考点 37：建筑工程质量事故处理方法与验收 ★ ●

> **教材点睛** 教材 P284-286
>
> **1. 建筑工程质量事故处理的方法**：修补处理、加固处理、返工处理、限制使用、不作处理、报废处理。
>
> **2. 建筑工程质量事故处理的验收**
>
> （1）检查验收：工程质量事故处理完成后，工程师在施工单位自检合格报验的基础上，应严格按施工验收标准及有关规范的规定进行，结合监理人员的旁站、巡视和平行检验结果，依据质量事故技术处理方案设计要求，通过实际量测，检查各种资料数据进行验收，并应办理交工验收文件，组织各有关单位会签。
>
> （2）必要的鉴定：为确保工程质量事故的处理效果，凡涉及结构承载力等使用安全和其他重要性能的处理工作，或质量事故处理施工过程中建筑材料及构配件保证资料严重缺乏，或对检查验收结果各参与单位有争议时，需做必要的试验和检验鉴定工作。
>
> （3）验收结论：对所有质量事故，无论经过技术处理，通过检查鉴定验收还是不需专门处理的，均应有明确的书面结论。验收结论通常有以下几种：

教材点睛 教材 P284–286（续）

1）事故已排除，可以继续施工。
2）隐患已消除，结构安全有保证。
3）经修补处理后，完全能够满足使用要求。
4）基本上满足使用要求，但使用时应有附加限制条件，例如限制荷载等。
5）对耐久性的结论。
6）对建筑物外观影响的结论。

短期内难以做出结论的，可提出进一步观测检验意见；处理后符合《建筑工程施工质量验收统一标准》GB 50300—2013规定的，工程师应予以验收、确认，并应注明责任方主要承担的经济责任。

巩固练习

1.【判断题】对于严重未达到规范或标准的质量事故，影响到工程正常使用的安全，而且又无法通过补修的方法予以纠正时，必须采取报废处理。（　　）

2.【判断题】处理工程质量事故，必须分析原因，做出正确的处理决策，这就要以充分的、准确的相关资料作为决策的基础和依据。（　　）

3.【单选题】对经加固补强或返工处理仍不能满足安全使用要求的分部工程、单位（子单位）工程，应（　　）。
A. 让步验收　　　　　　　　B. 协商验收
C. 拒绝验收　　　　　　　　D. 正常验收

4.【单选题】质量事故的处理是否达到预期目的，是否依然存在隐患，应当通过（　　）和验收作出确认。
A. 检查鉴定　　　　　　　　B. 现场检查
C. 上级检查　　　　　　　　D. 方案论证

5.【单选题】通过对缺陷的（　　），使建筑结构恢复或提高承载力，重新满足结构安全性、可靠性的要求，使结构能继续使用或改作其他用途。
A. 修补处理　　　　　　　　B. 加固处理
C. 返工处理　　　　　　　　D. 限制使用

6.【单选题】针对危及承载力的质量缺陷应作（　　）处理。
A. 修补　　　　　　　　　　B. 返工
C. 加固　　　　　　　　　　D. 不作

【答案】1. ×；2. √；3. C；4. A；5. B；6. C

第四节 建筑工程质量事故处理的资料

考点38：建筑工程质量事故处理资料

教材点睛 教材P286-287

1. 建筑工程质量事故处理所需的资料
（1）与工程质量事故有关的施工图。
（2）与工程施工有关的资料、记录。
（3）事故调查分析报告。一般应包括以下内容：质量事故的情况、事故性质、事故原因、事故评估、事故涉及人员与主要责任者的情况等。
（4）设计单位、施工单位、监理单位和建设单位对事故处理的意见和要求。

2. 建筑工程质量事故处理后的资料
建筑工程质量事故处理后，应由工程师提出事故处理报告，其内容包括以下方面：
（1）质量事故调查报告。
（2）质量事故原因分析。
（3）质量事故处理依据。
（4）质量事故处理方案、方法及技术措施。
（5）质量事故处理过程的各种原始记录资料。
（6）质量事故检查验收记录。
（7）质量事故结论等。

巩固练习

1.【单选题】事故调查分析报告内容一般不包括（　　）。
A. 主要责任者处理情况　　　　B. 事故评估
C. 事故性质　　　　　　　　　D. 质量事故的情况

2.【多选题】一般事故处理，必须具备以下资料（　　）。
A. 与工程质量事故有关的施工图　　B. 与工程施工有关的资料、记录
C. 事故调查分析报告　　　　　　　D. 事故原因分析
E. 事故处理依据

【答案】1. A；2. ABC

第九章 建筑工程质量资料

考点 39：建筑工程质量资料●

> **教材点睛** 教材 P288-305
>
> **法规依据：**《建筑工程施工质量验收统一标准》GB 50300—2013。
> 1. 建筑工程的分部工程、分项工程划分【P288-293 表 9-1】
> 2. 建筑工程主要隐蔽项目【P293-297】
> 3. 建筑工程质量资料样表【P297-305】

巩固练习

1.【判断题】土方工程隐检的主要内容是基槽，房心回填前检查基底清理、基底标高情况等。（　　）

2.【判断题】幕墙工程都是暴露在外面的，因此不存在隐检项目。（　　）

3.【判断题】地板、洁具、瓷砖等精装修部分是建筑装饰装修工程隐检主要项目之一。（　　）

4.【单选题】室内供暖系统是属于（　　）。
A. 分部工程　　　　　　　　B. 子分部工程
C. 分项工程　　　　　　　　D. 检验批

5.【单选题】单位（子单位）工程观感质量检查综合评价用（　　）评判。
A. 好、一般、差　　　　　　B. 优、良、一般、差
C. A 等、B 等、C 等　　　　D. Ⅰ级、Ⅱ级、Ⅲ级

6.【单选题】接地、绝缘电阻测试记录是（　　）项目的资料名称。
A. 建筑与结构　　　　　　　B. 建筑电气
C. 给水排水与供暖　　　　　D. 通风与空调

7.【单选题】下列工程文件资料中，不属于建设单位工程文件资料中的开工文件类的是（　　）。
A. 建设工程施工许可证　　　B. 建设工程规划许可证
C. 建设用地规划许可证　　　D. 工程质量监督手续

8.【单选题】下列文件档案资料中，需城建档案馆归档保存的是（　　）。
A. 技术交底资料
B. 图纸会审、设计变更、洽商记录
C. 预制桩（钢桩、商品混凝土及桩头）质量证明文件、进场验收记录

D. 焊条（焊剂）质量证明文件

9.【多选题】建设单位办理建设工程质量监督手续登记时，应提交的资料有（　　）等。

A. 建设工程施工许可证　　　　　　B. 设计中标通知书

C. 施工、监理合同及其单位资质证书　D. 施工图设计文件审查意见

E. 建设工程规划许可证

10.【多选题】下列子分部工程中，属于主体结构分部工程的是（　　）。

A. 门窗安装　　　　　　　　　　　B. 砌体结构

C. 钢结构　　　　　　　　　　　　D. 木结构

E. 劲钢（管）混凝土结构

11.【多选题】分部（子分部）工程质量竣工验收的单位有（　　）。

A. 分包单位　　　　　　　　　　　B. 勘察单位

C. 施工单位　　　　　　　　　　　D. 设计单位

E. 监理单位

12.【多选题】单位（子单位）工程质量竣工验收记录主要包括（　　）项目。

A. 分部工程

B. 质量控制资料核查

C. 安全和主要使用功能核查及抽查结果

D. 绿色施工验收

E. 综合验收结论

【答案】1. √；2. ×；3. ×；4. B；5. A；6. B；7. C；8. B；9. CDE；10. BCDE；11. ABCD；12. ABCE

第十章　建筑结构施工图识读

考点 40：建筑工程图纸分类及识读方法

> **教材点睛** 教材 P306
>
> **1. 建筑工程图纸**：按专业分工可分为建筑施工图、结构施工图、设备施工图（电气施工图、给水排水施工图、供暖通风与空气调节施工图）、装饰施工图。
>
> **2. 房屋施工图识读方法**：先总体后单体，先初读后细读，先顺序识读后前后对照，重点细节仔细研究读。

第一节　砌体结构建筑施工图识读

考点 41：砌筑结构图识读 ★ ●

> **教材点睛** 教材 P306-312
>
> **1. 砌体结构建筑基本体系**：由地下结构和地上结构两大部分组成，其中地下部分包括基础垫层、基础和基础梁等；地上部分包括外墙、内墙、构造柱、地面、楼梯、楼盖、屋盖、门、窗等结构构件及水、煤、电、暖、卫生设备等建筑配件和相应设施。
>
> **2. 识读砌体结构建筑施工图**
>
> （1）一般砌体建筑施工图：由建筑施工设计说明、建筑总平面图、建筑平面图、建筑立面图、建筑剖面图、建筑详图等组成。
>
> （2）识读建筑施工总说明：了解设计依据、工程概况、采用新技术新材料的做法、特殊建筑选型、建筑构造说明以及其他施工中注意事项、主要工程做法及施工图未用图形表达的内容等。
>
> （3）建筑总平面施工图识读内容：用地红线，建筑控制线，建筑物的定位，标高、尺寸标注，道路等。
>
> （4）建筑平面施工图识读内容：图纸名称及比例，平面功能布置，定位轴线，标高、尺寸标注，门窗位置、型号，屋面布置，索引符号等。
>
> （5）建筑立面施工图识读内容：建筑外观，标高及尺寸，材料、色彩等。
>
> （6）建筑剖面施工图识读内容：房屋内部楼层分层、标高、简要的结构形式、构造及材料情况。

> **教材点睛** 教材 P306-312（续）
>
> （7）建筑施工图节点详图识读内容：根据索引对照平、立、剖面图纸，仔细识读详细做法、构造尺寸及材料。

第二节　多层混凝土结构施工图识读

考点 42：多层混凝土结构施工图识读 ★ ●

> **教材点睛** 教材 P313-323
>
> **1. 混凝土结构类型**：素混凝土、钢筋混凝土、预应力混凝土、纤维混凝土、型钢混凝土等结构形式。
>
> **2. 混凝土强度等级和钢筋混凝土构件的组成**
>
> （1）混凝土的强度等级分为 C15、C20、C25、C30、C35、C40、C45、C50、C55、C60、C65、C70、C75、C80 十四个等级，数字越大，表示混凝土抗压强度越高。
>
> （2）钢筋混凝土构件有现浇和预制两种。其中预制构件分工厂预制和现场预制两种加工方式。
>
> **3. 钢筋的分类与作用**
>
> （1）钢筋按所起的作用分为受力筋、架立筋、箍筋、分布筋、构造筋等。
>
> （2）钢筋的种类与符号：钢筋分为光圆钢筋和带肋钢筋；热轧光圆钢筋牌号为 HPB300；带肋钢筋牌号为 HRB335、HRB400 和 RRB400 等。符号含义：H 热轧、P 光圆、R 带肋、B 钢筋、F 细粒、E 抗震，数值代表屈服强度。钢筋的一般标示法【详见 P314 表 10-1】。
>
> **4. 钢筋混凝土结构施工图的识读**
>
> （1）结构施工图的内容：结构设计总说明，基础平面图及基础详图，楼层结构平面图，屋面结构平面图，结构构件（如梁、板、柱、楼梯、屋架等）详图。
>
> 1）结构设计说明：包括抗震设计与防火要求，地基与基础、地下室，钢筋混凝土各种构件，砖砌体，后浇带与施工缝等部分选用的材料类型、规格、强度等级，施工注意事项等。
>
> 2）基础图识读内容：图名和比例，轴线及其编号，基础详细尺寸，室内外地面标高及基础底面标高，基础及垫层的材料、强度等级、配筋规格及布置，防潮层、圈梁的做法和位置，施工说明，读图示例等。
>
> 3）结构平面图识读内容：结构构件平面位置、尺寸、标高，构件节点详图。
>
> （2）楼板施工图识读：预制板的布置有两种表达形式，① 按实际投影分块画出楼板；② 在楼板上画一条对角线。现浇楼板的表达方式：用粗实线画出板中的钢筋，并画出重合断面，表示板的形状、板厚等。

教材点睛 教材 P313-323（续）

（3）平面整体表示法的制图规则：将结构构件的尺寸和配筋，直接表示在各类构件的结构平面布置图上，与标准构造详图相配合，构成一套完整的结构施工图。

1）梁的平法标注方式：集中标注、原位标注。

2）柱的平法标注方式：列表注写方式、截面注写方式。

第三节 单层钢结构施工图识读

考点 43：单层钢结构施工图识读

教材点睛 教材 P324-325

1. 钢结构的基本概念：由钢板、热轧型钢、薄壁型钢、钢管等构件组合而成的结构。

2. 钢结构施工图基本知识

（1）建筑钢结构施工图设计：分为设计图设计和施工详图设计两个阶段。设计图设计由设计单位编制完成，施工详图设计以设计图为依据，由钢结构加工厂深化编制完成。

（2）设计图内容：一般包括设计总说明、结构布置图、构件图、节点图和钢材订货表等。

（3）施工详图内容：包括构件安装布置图、构件详图等。

3. 钢结构节点详图识读【详见 P324-325】

巩固练习

1.【判断题】砌体结构建筑一般由地下结构和地上结构两大部分组成，其中地下部分包括基础垫层、基础和基础梁等；地上部分包括外墙、内墙、构造柱、地面、楼梯、楼盖、屋盖、门、窗等结构构件及水、煤、电、暖、卫生设备等建筑配件和相应设施。

（　　）

2.【判断题】一般建筑施工图是由建筑施工设计说明、建筑总平面图、建筑平面图、建筑立面图组成。（　　）

3.【判断题】钢筋混凝土构件由钢筋和混凝土两种材料组合而成。（　　）

4.【判断题】箍筋一般用于板内，与受力筋垂直，用以固定受力筋的位置，与受力筋一起构成钢筋网，使力均匀分布给受力筋，并抵抗热胀冷缩所引起的温度变形。

（　　）

5.【判断题】凡基础截面形状、尺寸不同时，即基础宽度、墙体厚度、大放脚、基底标高及管沟做法不同,均标有不同编号的断面剖切符号,表示画有不同的基础平面图。
(   )

6.【判断题】在建筑钢结构工程设计中,通常将结构施工图的设计分为设计图设计和施工详图设计两个阶段。(   )

7.【判断题】钢结构工程设计图内容一般包括设计说明、结构布置图、构件图、节点图和钢材订货表等。(   )

8.【单选题】建筑施工图又简称(   )。
A. 结施　　　　　　　　　　　B. 设施
C. 电施　　　　　　　　　　　D. 建施

9.【单选题】(   )用来表明一个工程所在位置的总体布置。
A. 平面图　　　　　　　　　　B. 总平面图
C. 立面图　　　　　　　　　　D. 剖面图

10.【单选题】平面图一般常用(   )比例绘制。
A. 1∶1000　　　　　　　　　　B. 1∶500
C. 1∶100　　　　　　　　　　D. 1∶20

11.【单选题】有些建筑细部尺寸过小无法表达清楚,或参照的是标准图集,需要用(   )表达清楚。
A. 索引符号　　　　　　　　　B. 详图符号
C. 附加轴线符号　　　　　　　D. 定位轴线符号

12.【单选题】平面图的外部尺寸标注一般有(   )道。
A. 1　　　　　　　　　　　　B. 3
C. 4　　　　　　　　　　　　D. 5

13.【单选题】平面图中的墙体是由定位轴线和定位尺寸来定位的,其中横向定位轴线由(   )组成。
A. 阿拉伯数字按自左向右顺序书写　　B. 拉丁字母自左向右顺序书写
C. 阿拉伯数字自下向上顺序书写　　　D. 拉丁字母自下向上顺序书写

14.【单选题】在梁、板、柱等各种钢筋混凝土构件中都有配置承受拉力或压力的钢筋,被称为(   )。
A. 架立筋　　　　　　　　　　B. 受力筋
C. 分布筋　　　　　　　　　　D. 箍筋

15.【单选题】由于基础平面图实际上是水平剖面图,故剖到的基础墙、柱的边线用(   )画出。
A. 粗实线　　　　　　　　　　B. 虚线
C. 细实线　　　　　　　　　　D. 点画线

16.【单选题】G4Φ12,表示梁的两个侧面共配置(   )。
A. 4根Φ12箍筋　　　　　　　 B. 4Φ12的纵向构造钢筋,每侧各2Φ12
C. 4根Φ12受力筋　　　　　　 D. 4根Φ12通长筋

17.【单选题】KL2(3B)表示(   )。
A. 框架梁第2号,3跨,单端有悬挑　　B. 连系梁第2号,3跨,单端有悬挑

203

C. 框架梁第 2 号，3 跨，两端有悬挑　　D. 框支梁第 2 号，3 跨，两端有悬挑

18.【单选题】(　　)主要指由钢板、热轧型钢、薄壁型钢、钢管等构件组合而成的结构。

A. 钢筋混凝土结构　　　　　　　　B. 砌体结构
C. 砖混结构　　　　　　　　　　　D. 钢结构

19.【单选题】设计图设计由(　　)编制完成，施工详图设计以设计图为依据。

A. 建设单位　　　　　　　　　　　B. 设计单位
C. 监理单位　　　　　　　　　　　D. 施工单位

20.【单选题】基础图一般包括基础平面图和(　　)。

A. 基础详图　　　　　　　　　　　B. 配筋图
C. 建筑详图　　　　　　　　　　　D. 断面图

21.【单选题】基础平面图中，标有 GZ 的涂黑小方块表示(　　)。

A. 被切到的墙　　　　　　　　　　B. 钢筋混凝土构造柱
C. 钢筋混凝土柱　　　　　　　　　D. 梁

22.【多选题】建筑剖面图是用一个假想的竖直剖切平面，垂直于外墙将房屋剖开，做出的正投影图，以表示房屋内部的(　　)、简要的结构形式、构造及材料情况。

A. 楼层分层　　　　　　　　　　　B. 垂直方向高度
C. 内部平面形状　　　　　　　　　D. 外墙立面装饰
E. 门窗开启方向

23.【多选题】立面图中的尺寸是表示建筑物高度方向的尺寸，主要标注(　　)。

A. 建筑物的总高　　　　　　　　　B. 层高
C. 门窗洞口的高度　　　　　　　　D. 水平方向各轴线间尺寸
E. 水平方向窗洞尺寸、窗间墙尺寸

24.【多选题】钢筋按其所起的作用分类，一般有(　　)。

A. 受力筋　　　　　　　　　　　　B. 架立筋
C. 箍筋　　　　　　　　　　　　　D. 分布筋
E. 主筋

25.【多选题】为了突出表示钢筋的配置状况，在构件的立面图和断面图上，轮廓线用中或细实线画出，图内不画材料图例，而用(　　)表示钢筋。

A. 粗实线　　　　　　　　　　　　B. 细实线
C. 黑圆点　　　　　　　　　　　　D. 中虚线
E. 点画线

26.【多选题】钢结构主要指(　　)等构件组合而成的结构。

A. 钢板　　　　　　　　　　　　　B. 热轧型钢
C. 薄壁型钢　　　　　　　　　　　D. 钢管
E. 钢筋

27.【多选题】建筑平面图常用的名称有(　　)。

A. 底层平面图　　　　　　　　　　B. 标准层平面图
C. 顶层平面图　　　　　　　　　　D. 屋顶平面图

E. 结构平面图

28.【多选题】平面图中用来表示朝向的符号是（　　）。

A. 指南针　　　　　　　　　B. 指北针

C. 风玫瑰图　　　　　　　　D. 风荷叶图

E. 无

【答案】1. √；2. ×；3. √；4. ×；5. ×；6. √；7. √；8. D；9. B；10. C；11. A；12. B；13. A；14. B；15. A；16. B；17. C；18. D；19. B；20. A；21. B；22. AB；23. ABC；24. ABCD；25. AC；26. ABCD；27. ABCD；28. BC